家居装修
从入门到精通

张晨嘉◎编著

—— 选材施工篇 ——

北京时代华文书局

图书在版编目（CIP）数据

家居装修从入门到精通. 选材施工篇 / 张晨嘉编著.
-- 北京 ：北京时代华文书局，2021.7
　ISBN 978-7-5699-4214-9

　Ⅰ．①家… Ⅱ．①张… Ⅲ．①住宅－室内装修－建筑
设计 Ⅳ．①TU767

　中国版本图书馆 CIP 数据核字（2021）第 104579 号

家居装修从入门到精通　选材施工篇

JIAJU ZHUANGXIU CONG RUMEN DAO JINGTONG　XUANCAI SHIGONG PIAN

编　　著｜张晨嘉

出 版 人｜陈　涛
选题策划｜王　生
责任编辑｜周连杰
封面设计｜刘　艳
责任印制｜刘　银

出版发行｜北京时代华文书局 http://www.bjsdsj.com.cn
　　　　　北京市东城区安定门外大街136号皇城国际大厦A座8楼
　　　　　邮编：100011　电话：010-64267955　64267677
印　　刷｜三河市祥达印刷包装有限公司　　电话：0316-3656589
　　　　　（如发现印装质量问题，请与印刷厂联系调换）
开　　本｜710mm×1000mm　1/16　印　张｜13　字　数｜202千字
版　　次｜2022 年 1 月第 1 版　　印　次｜2022 年 1 月第 1 次印刷
书　　号｜ISBN 978-7-5699-4214-9
定　　价｜168.00元（全 3 册）

前　言
变繁为简，做好选材施工很重要

家居装修究竟是越复杂越好，还是越简约越好？

很多人在家居装修的时候往往会过于看重一时的流行趋势，选择复杂奢华的家居装修，可一旦时过境迁，出现严重的审美疲劳暂且不提，如果想要翻修无疑又要花费一笔不小的金钱。

也有人出于羡慕酒店的装修，或者出于倾慕某杂志上的装修风格，于是在自家装修的时候盲目地堆砌各种元素、颜色、造型等，甚至不惜花费重金将房屋打造得金碧辉煌、璀璨夺目。这些人无法逃脱传统装修观念的驱使，但并不是出于对传统建筑精髓的尊重，只是更加偏向于概念化的享受。然而，他们的房屋装修效果，在外人看来却犹如家具展厅，甚至俗不可耐。

当然，也有很多人之所以选择复杂的家居装修，是因为家居装修公司的极力推荐。但是，人们需要明白一点，无论家居装修公司通过什么样的形式或者案例来说服房主多做一些造型、设计和装饰，其真正目的都是想要多赚钱。家居装修的工程量越大，家居装修公司的利润越多，这是不言而喻的。遗憾的是，很多人即便明白这个道理，却由于绕不过攀比心理而甘愿掉进家居装修公司的陷阱，甚至自己还"火上浇油"。一个很明显的例子，家居空间面积本来就很小，却非要购置各种华而不实的大型家用电器，一个对开门冰箱就占据了厨房一半的空间，大大降低了空间使用率。

其实，一定空间内的装修项目越多，使用的材质越多，含有的挥发性物质越多，污染越严重。将家居装修化繁为简，不失为一种明智的选择。

不过，化繁为简式的家居装修并不是人们常说的"简装"——地面铺贴一层地砖，墙面屋顶简单刮个大白，再购置一些基本的家具，有吃有睡就可以了。

家居装修化繁为简的核心在于采用能够充分放大空间使用率的设计，简化堆砌式的、无实用性的、多余性的、浪费性的、有污染性的、有伤害性的装修元素、项目、工程等，真正的意义在于摒弃家居装修的形式主义，抓住家居装修的内涵、理念，提高家居装修的品质、格调，通过量体裁衣的方式营造简约而不简单的家居环境。

然而，想要真正实现家居装修化繁为简，除了科学合理的设计，同样离不开健康环保的材质，以及精细化的施工。换句话说，只有用更好的装修材料和更好的施工质量，才能打造一个各取所需、舒适宜人、干干净净、安全放心的家。

戏剧性的是，一分价钱一分货的道理虽然很多人都懂，但在实际行动中却偏爱"占便宜"，梦想着用低价的装修材料打造高质量的装修工程，或者由于对装修材料不够了解，被人坑蒙拐骗——选材时按照优质的材料打款，拿到手的材料却被人以次充好。

劣质的装修材料使得人们入住后不得不面临各种问题：厨卫漏水导致邻里之间的矛盾滋生，地板翘起导致家里的老人孩子走路时经常摔跤，墙面空鼓掉皮导致粉尘到处飞扬，装修材料中的甲醛、苯等有害物质导致人们的呼吸道发炎、疼痛等。

除了装修材料，如果施工质量不达标，即便选择的材料质量很高，依然无法避免各种问题的出现。例如，因为偷工减料，防水层本应该做两遍却只做了一遍，同样会造成漏水问题；因为施工能力低，电路的各条线路本应该分开却全部挤在了一根管道中，同样会造成漏电问题，甚至引发火灾等。

由此可见，家居装修风格的多样化不仅会让人眼花缭乱，如何选择装修材料以及如何判定施工流程是否标准、精细，更是让人烦恼不已。

例如，什么样的装修材料对人体没有伤害？环保的标准又是什么？墙面、地面、天花板如何施工才能保证协调性？家居装修的色彩如何搭配才能与风格保持一致性？水电工程如何施工才能提高安全性？装饰工程如何施工才能保证舒适性？灯具如何安装才能营造温馨感呢？

本书基于化繁为简的家居装修原则，针对家居装修的不同工程如何选择装修材料，如何施工安装给出了标准答案——小到开关、插座的选择标准，大到定制家具的选购原则；既讲到了应该准备什么样的施工工具，也对标准的施工流程步骤做了详细讲解。

本书为家居装修施工提供了完整的解决方案，旨在帮助人们提高家居装修选材与施工的性价比，让每一个人都能够拥有温馨舒适的家居环境。

目 录
contents

第七章　现场安装工程施工管理

第一章

家居装修施工前期准备

家居装修设计方案会明确房屋的使用目的、空间的分配、装修设计的风格等，而家居装修方案一旦确定，随后便会进入装修施工阶段。

家居装修施工是家居装修设计方案的实现，是将虚拟的居住环境呈现为真实的居住环境的一个实施过程，更是对家居装修效果的展现。

然而，想要通过家居装修施工打造出看得见、摸得着、感受到的温馨舒适的居住环境，让装修效果完全满足家人的睡眠、娱乐、烹饪、用餐、洗浴等需求，必须提前做好充足的准备工作。

第一节　选择合适的装修施工团队

施工做不好，再好的设计方案都将成为泡影。而家居装修的实施者，一般有装修公司和施工团队两种选择。很多人本着简单直接、自由高效的原则，已经绕过装修公司，直接选择了"设计师＋施工团队"的模式。

通常而言，年轻群体更加青睐于"设计师＋施工团队"模式，因为这样可以省去很多中间环节。找到合适的施工团队，不仅可以提高整体的装修质量，减少后期的返工概率，而且可以为房主节省时间和金钱。

那么，究竟应该如何选择施工团队呢？

1.看组织结构

家居装修施工团队中至少应该包括泥瓦工、电工、水暖工、木工、油漆工、拆旧工6个工种，才可以称得上是一支施工人员配备齐全的正规装修施工团队。同时，也要注意每个工种是否包括多个施工人员，以及施工人员是否属于正式员工。如果施工人员大多是临时工，不仅会影响施工进度，也会降低施工质量。通常临时工是施工团队从社会上临时找到的人员，一旦施工团队出现拖欠工资的情况，临时施工人员就会选择辞职。另外，临时施工人员的技术也参差不齐，一般这样的人员是抱着挣快钱的目的工作，所以不太重视施工质量。

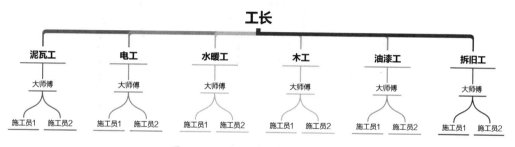

图1-1　施工团队组织结构图

表1-1　施工团队各工种人员数量及职责范围

工种名称	人员数量（人）	职责范围
泥瓦工	3~5	砌砖（地砖、墙砖）、抹灰、刮大白
电工	1~2	照明线路、电器线路等的改造、铺设、安装
水暖工	2~3	冷热水管道、自来水管道、地暖管道的改造、铺设、安装
木工	3~5	吊顶、木质家具制作安装、木地板铺设等
油漆工	2~3	刷油漆、贴壁纸、壁布等
拆旧工	3~5	墙体砖、旧家具（旧房装修）拆除等

2.看施工案例

优秀的施工团队一般都是"看得见""摸得着"的，也就是说，优秀的施工团队往往会有大量的成功案例。所以，房主不妨检验一下施工团队的装修案例，看其是否符合自己的要求。可以重点观察其铺设的地砖、墙砖、木地板等是否平整，也可以观察它们的缝隙是否均匀且无翘起现象，还可以观察其施工的油漆墙面、粘贴的壁纸、壁布是否光泽度均匀、平坦光滑，以及木工制作、安装的家具、门窗是否方正，闭合度是否完好等。

图1-2　施工团队装修案例

除此之外，也要重点了解施工团队的装修案例是否具有特色。如果该施工团队缺乏创新和创意，很可能会造成装修施工完成后经不起时间和趋势的考验，用不了多长时间就要重新装修，从而白白浪费金钱和精力。

3.看个人素质

检验施工团队的个人素质，不仅要观察各个施工人员的工作态度、个人素养、生活作风是否认真严谨，还要观察工长是否具有一定的应变能力和处理问题的能力。

在装修施工过程中难免会出现一些与设计方案不同的想法或者意见，如果工长不懂得如何随机调整现场施工措施，或者无法及时根据房主的装修意图制定可行性施工方案，也就无法保证最终的装修效果。

4.看报价细节

无论装修预算做得多么精细，在实际的装修施工过程中也难免出现一些增减项。优秀的施工团队往往在报价时会提前向房主进行说明，不会为了揽活而故意隐瞒一些必要项，从而以很低的报价吸引房主。

与此同时，优秀的施工团队会在报价中详细列出每一项的具体费用，比如贴地砖每平方米多少钱、刮大白每平方米多少钱、做防水每平方米多少钱等，以及每个具体的施工项目多少钱，比如木工多少钱、电工多少钱等。

5.看组建时间

一般来说，组建时间在3年以上的装修施工团队，同时装修案例至少在30户以上，才能保证其拥有比较丰富的装修施工经验以及比较成熟的装修施工技术，才能最大限度地按照房主的装修意图进行施工。

总之，施工团队是家居装修的最终实施者，其优劣程度直接决定了家居装修质量以及家居环境的优劣。优秀的施工团队不仅能让房主安心，还能为家居装修效果锦上添花，因此挑选施工团队要慎之又慎。

第二节　读懂家居装修施工图

　　家居装修施工图是对房屋形状、布局、构造、尺寸、装修作法、装修材料等的表示图样，与装修设计图相比具有详细、准确、全面、具体等特点，是施工人员工作的重要参考依据，也是对家居装修施工进行管理的技术支撑。

　　一般来说，一套完整的家居装修施工图应该包括施工结构图、施工平面图、施工立面图、施工定位图、施工投影图等。当然，在具体的图样中可能还会根据不同的空间制作更加细致的图样，比如主卧立面图、次卧立面图、照明电路图、给排水布置图等。同时，在完整的家居装修施工图中，也都经常会带有目录、说明等，对装修材料和施工方法的使用进行标注。

　　通常，当房主选择了合适的施工团队后，施工团队便会为房主制作装修施工图。可是，房主应该怎么看这些施工图，是否可以看得懂施工图？有异议的时候，又该如何通过施工图与施工人员进行沟通并及时调整方案？

图1-3　家居装修施工图包含项目

其实，只要掌握每一种类型的施工图的主旨，就可以让最终的装修效果满足自己的装修需求，让自己的家装修完更加漂亮、温馨，适合自己。

1.结构图

家居装修施工结构图一般是测量房屋原始建筑结构后，分别将房屋机构所包括的墙体厚度、房屋层高、房屋柱体、门窗洞口、设备平台、墙体开间、各项管井的具体尺寸、位置等进行标注的图样。

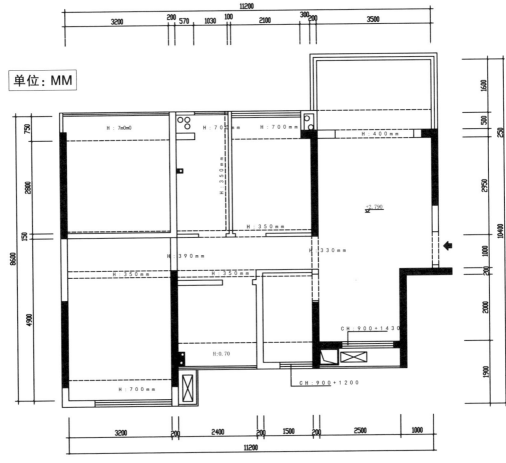

图1-4 家居装修施工结构图

家居装修施工结构图是绘制其他图纸的依据、核心和基础。只有保证家居装修施工结构图的标注尺寸数字正确、准确，才能保障绘制其他图纸时的正确性和准确性。毫不夸张地说，家居装修施工结构图具有"一荣俱荣，一损俱损"的作用。

2.平面图

家居装修施工平面图也叫装修平面布局（布置）图，是以窗户的标高为水平的切面高度，窗户标高以上的部分将被抛去。从上往下可以直观地看到图纸上所标注的房屋尺寸、空间布局、家具位置、门窗尺寸、墙体厚度、空间名称、门窗开向等。

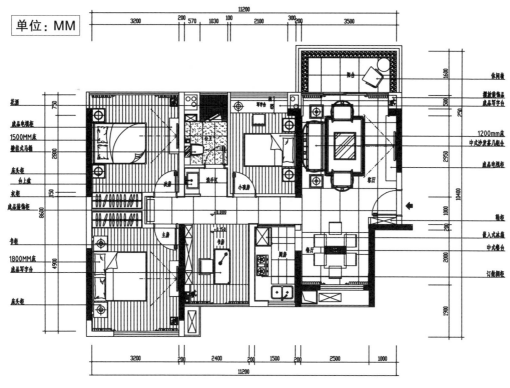

图1-5　家居装修施工平面图

例如，在家居装修施工平面图中一般可以清晰地看到主卧、次卧、厨房、餐厅、客厅、卫浴间、阳台等，就连客厅的沙发布局呈一字型还是L型，都可以一目了然。

当然，如果在设计方案中对房屋的墙体结构有所改动的话，在家居装修施工平面图中也会一一标注出来。通常会以深色的黑线表示改建的墙体，而以虚线表示需要拆除的墙体。

一份优秀的家居装修施工平面布局图往往具有立体性、直观性，让人看起来比较舒服，而且也会让房主很容易理解施工意图。

3.立面图

家居装修施工立面图是指对房屋进行垂直切面而绘制的图纸，视觉上与人形成水平正对的方向。家居装修施工立面图是具体施工过程中使用概率较大的图纸之一，因为其不仅会标注房屋空间的长宽高，而且对于各种装饰线、墙面使用材料、色彩搭配、灯光布局等都将绘出看得见的轮廓线，甚至也会标注出各种家具的图形、尺寸、位置等。

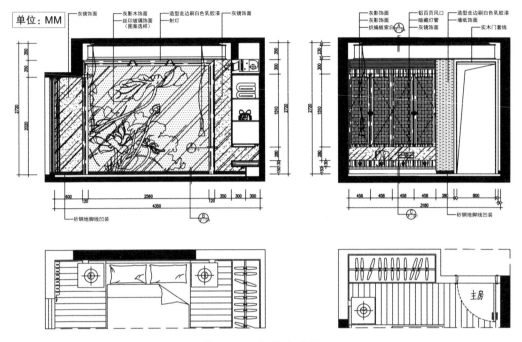

图1-6　主卧立面图

家具装修施工立面图从一定程度上反映了装修效果，而且决定了家居装修施工的艺术处理，甚至起到了考核施工技术、手法等是否合适的作用。

因此，在很多家居装修施工过程中，也会对家居装修施工立面图采取进一步剖析，进而绘制立面索引图，将房屋的空间布局、内部结构、分层情况、地面、屋顶等的构造、尺寸等进一步标注，以求达到更理想的施工效果。

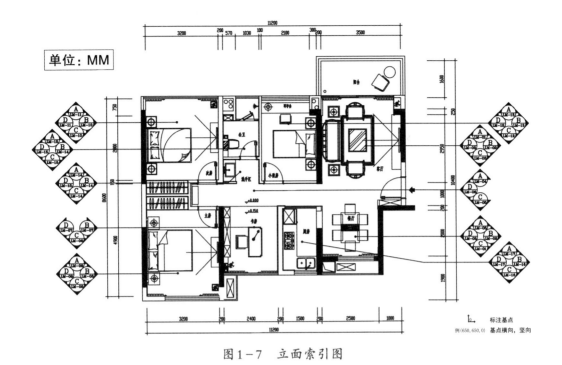

图1-7　立面索引图

4.定位图

在家居装修施工图中，定位图相对来说是绘制较少的一张图纸，可能很多人对此也很陌生，但这并不意味着可以忽略定位图的存在。

家居装修施工定位图是指对房屋的墙面、空间、门窗等的尺寸进行重点标注的图纸，有助于施工人员对于空间尺度的把控，甚至可以用其衡量某一空间的尺寸是否可以满足房主的要求，是否可以达到科学、合理、舒适的装修施工效果。

例如，墙体定位图只是针对墙体尺寸绘制的图纸，将重点标注墙以及门洞的尺寸，而天花板、家具、灯具等都不需要进行标注。

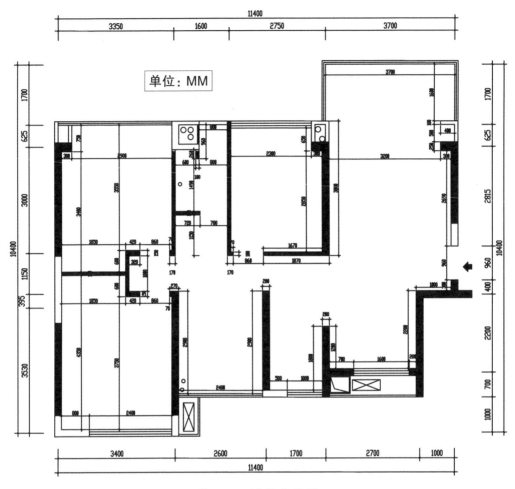

图1-8　墙体定位图

5.投影图

家居装修施工投影图是针对某空间布局的灯具、通风、电器等的具体施工而绘制的图纸，有助于将复杂的施工措施简单化、直观化，降低各工种之间施工过程中发生冲突的概率，同时也能起到防止施工人员在施工过程中偷工减料的作用。

例如，天花投影图不仅会标明天花造型的尺寸定位，也会清晰标注使用的各种材料以及施工工艺，比如灯具、油漆等，甚至会将各种材料进行详图索引。

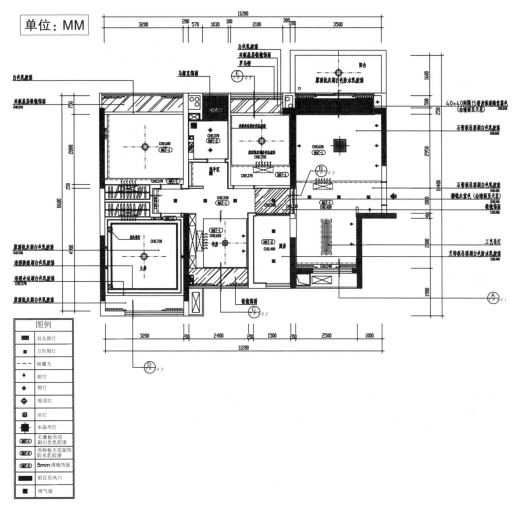

图1-9　天花投影图

6.样式图

家居装修施工样式图主要是指针对每个空间布置的家具尺寸、具体工艺、家具材料等绘制的图纸。通过家具样式图，一般可以判定家具的尺寸是否过大或者过小，对于空间的动线是否有影响，以及是否会影响后期的正常使用等。

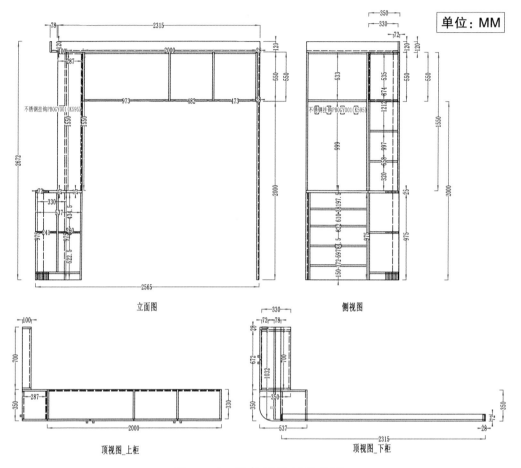

立面图

侧视图

单位：MM

顶视图_上柜

顶视图_下柜

图1-10　客餐厅酒柜样式图

　　只有学会如何查看装修施工图，才能最大限度地将效果图变为现实。总之，查看装修施工图时，要重点查看标注的尺寸，一旦施工图中的尺寸与实际尺寸出现误差，或者标注的尺寸不符合人体工学，很可能会造成不可挽回的遗憾。例如，最终装修完成的层高一般不会低于2.4米，相反，则会造成严重的压抑感。

第三节　兼顾环保与美观

我们曾在《家居装修从入门到精通（设计篇）》一书中提过家居装修的环保问题，并提出了可以采用室内空气质量评价方法对装修后的室内空间环境中的有害物质等进行预测。

诚然，人们居住的环境是否环保将直接影响家人的身心健康，需要人们在具体的家居装修施工过程中给予高度重视。要知道，房子的核心作用是用来居住的，在追求赏心悦目的同时，更要将安全环保放在首位。

通常，在具体的装修施工过程中，想要兼顾美观与环保，可以减少材料的使用量和施工量，推崇简单的装修施工原则，走简约装修路线。

图1-11　简约装修效果图

那么，具体应该采取哪些施工措施呢？

1.选择环保材料

在装修材料的选择上不能选用环保没有达标的材料，要尽量防止甲醛、苯、酚气体的释放，尤其是甲醛往往可以达到10年左右的挥发周期，将对人们的健康造成长期侵蚀。

图1-12　质朴的色彩搭配

一般来说，应该尽量选择水性材料、实木材料、颜色质朴的材料等，同时要采用类似于"少食多餐"的方法进行油漆和涂料等的施工，即降低涂刷的厚度，增加涂刷的频次，而且需要在每次涂刷彻底晾干后，再进行下一次的涂刷。

表1-2　家居装修过程中的污染物

有害物质	危害影响	污染来源	国家标准
甲醛	过敏性紫癜、过敏性皮炎、呼吸困难、肺水肿等	墙面涂料、地板、壁纸、木质家具等	≤0.08（mg/m³）
氨气	鼻炎、咽炎、喉痛等	混凝土防冻剂、高碱混凝土膨胀剂和早强剂	≤0.2（mg/m³）
TVOC	哮喘、头痛、水肿、喉干、疲乏、易怒等	地毯、地胶、木地板、瓷砖等	≤0.5（mg/m³）
氡	损伤细胞、诱发癌变、败血症等	花岗岩、砖沙、水泥及石膏之类	≤200（Bq/m³）
苯	头晕、头痛、恶心、呕吐、诱发白血病等	涂料、木器漆、胶黏剂及各种有机溶剂	≤0.09（mg/m³）

2.避免光污染

在家居装修过程中，常见的光污染是指光源布局不当和光线过于强烈对人们造成的眩晕感，尤其是夜晚不合理的灯光为人们带来的不适感，包括可见光、紫外线、红外线等对人们的过量辐射。

图1-13　光源布局

通常而言，有效避免光污染的措施是采取间接照明的施工方式，降低人们的眼睛被光源直射的概率。在光源的选择上可以尽量采用日光性，也就是尽量接近阳光的照明效果，从而减少人们因长期光污染而造成的神经性疾病。

实际上，只要人们在家居装修施工过程中提高环保意识，时时刻刻以环保为装修原则，必然会跳过很多被污染的陷阱。

第四节 家居装修施工注意事项

家居装修施工从来不是一件让人省心的事情，虽然看似简单，但没有人可以做到完全省心。

如果不想对装修完成后暴露出来的问题产生遗憾，就要充分了解家居装修施工的注意事项。要知道，家居装修施工中涉及的事项多达百余项，只有最大限度地了解每一项装修事项，才可以在省心省力的同时实现节省成本的目的。

表1-3 装修施工涉及事项（部分）

序号	项目	具体事项
1	防水	是否采用涂膜防水
		是否验收隐蔽工程
		是否做过2次蓄水试验
		防水层是否高于1.8米
2	电路	强弱电是否分开穿线
		插座安装是否够用
		是否安装大功率插座
		线槽是否横平竖直
3	水泥沙石	是否属于3个月内生产
		切忌水泥混用
		沙子是否为河沙
4	墙地砖	是否经过浸泡、阴干
		是否存在色差
		大理石背面是否做过防水
		是否耐脏、防滑
5	吊顶	吊筋距离墙体是否低于0.3米
		石膏板切忌使用枪钉
		钉子之间的距离是否小于0.2米

续表

序号	项目	具体事项
6	油漆、涂料	是否完全干透后进行打磨
		是否完全干透后进行下一道涂刷
		金属面油漆是否做防锈处理
		油漆施工切忌温度过低、环境潮湿
7	门窗	门（窗）套切忌使用中密度板
		房门大小是否一致
		卫生间门是否做防水
		切忌使用暗轨道移门

　　如果从大的层面来说，一般需要对家居装修施工的装修合同、装修流程、装修材料、施工质量进行关注。

1.装修合同

　　装修合同是房主与施工团队签订的关于双方利益与责任的约定。然而，如果签订装修合同时房主过于大意，不但不会让装修合同成为维护自己合法权益的有力武器，甚至会掉入"万坑之源"，被施工团队牵着鼻子走。

　　所以，装修合同一定要看仔细后再签，房主要尽可能地将自己对装修施工的质量要求、开完工时间、如何付款、付款比例、违约责任、售后时间、售后方式等一条条写清楚。

2.装修流程

　　装修流程是施工团队作业的步骤安排，对装修流程进行了解，有助于房主对整个装修阶段的"轻重缓急"进行掌握，同时也可以对每个阶段进行针对性地把控和关注。

表1-4 家居装修施工流程及注释

步骤 人员	设计师	工长	拆旧工	水电工	泥瓦工	木工	油漆工	房主
1	开始 → 设计施工方案							否
2								审核
3		进场检查准备						是
4			墙体拆除清理					
5				水路电路改造				
6					拉毛砌砖处理			
7						木作吊顶施工		
8							墙漆墙纸施工	
9								
10								验收 → 结束

步骤\人员	设计师	工长	拆旧工	水电工	泥瓦工	木工	油漆工	房主
第一步	设计师对房子进行详细测量后，根据房主的要求设计施工方案，明确装修施工过程。							
第二步	房主针对设计师制定的施工方案进行审核，如果有异议则返回设计师重新设计，如果没异议则进入下一步。							
第三步	工长进入实际场地对房屋的墙、地、顶进行全面检查，并与房主确定工期。							
第四步	房主同意工期进度安排后，由拆旧工拆除需要改造的墙体，并清除垃圾。							
第五步	水电工进场进行水路、电路的布局与安装，做好隐蔽工程。							
第六步	需要重建的墙体以及水电路的开槽，将由泥瓦工进行砌砖、抹灰、拉毛、找平处理。							
第七步	木工进场后，需要先将吊顶、护墙板等木作工程做好。							
第八步	油漆工负责油漆涂刷、壁纸、壁布的粘贴。							
第九步	木工再次负责将门窗、橱柜、家具等进行安装。							
第十步	房主验收施工工程，有问题的地方要及时与工长沟通并返修。							

3.装修材料

装修材料的好坏将直接影响家居环境的优劣。一旦装修材料不达标，不仅会带来污染问题，危害家人的身体健康，还会对后期居住的生活品质产生严重的负面影响，比如厨卫漏水、地板墙面空鼓等。

所以，在装修材料的选择与使用上不要一味地追求便宜，而应该重点对装修材料的材质、光泽度、平整度、气味等进行查看、对比，确保选择的是合格、达标产品。

4.施工质量

如果房主购买的都是上等优质的装修材料，可是施工质量不达标，也将造成功亏一篑的局面。

施工质量往往体现在施工细节上，哪怕是一颗螺丝钉的安装也要严格按照装修标准来操作。同时，需要注意偷工减料情况的发生，比如本来需要涂刷两遍油漆，却只涂刷了一遍，那么施工质量必然会打折扣。

5.墙体拆除

在家居装修施工过程中，有很多房主对原始的房屋结构空间不是很满意，经常会选择拆除一些墙体重新规划布局空间结构。

然而，在拆除墙体的时候一定要注意，房屋的承重墙与主体墙是无论如何都不能拆除的，否则，轻者带来安全隐患，重者将会使整栋楼面临倒塌风险。

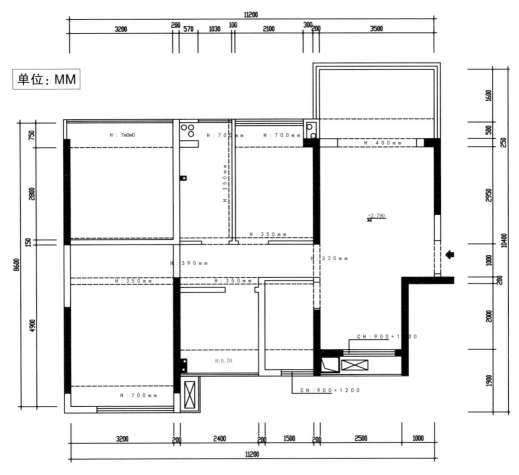

图1-14 粗黑线标注的承重墙

一般而言，拆除墙体时只可以拆除轻体墙、非承重墙等，也就是户型图上未被粗黑线标注的墙体。

无论是大户型还是小户型，无论采取的是什么样的装修风格，都需要把好装修施工这一关，才能营造自己喜欢的氛围，满足自己的日常需求。

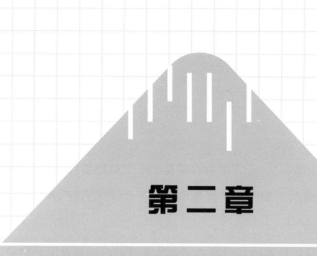

第二章

拆除工程的施工管理

正所谓"千人千面""一千个读者心中有一千个哈姆雷特"，而开发商建筑的房屋，同一栋楼的户型结构往往是相同的，也经常出现"众口难调"的现象。

于是，为了使空间更通透，或者为了避免走进别人的家就像回到自己家的尴尬，很多人在家居装修施工过程中往往将拆改房子的结构作为一件大事。尤其在保证房子的安全系数以及稳固性的基础上，通过拆改房子的格局，比如拆除一些墙体或者门窗，便可以提高空间使用率。

第一节 墙体改造工程

在家居装修施工的拆改工程中，很多人会首先选择拆改房屋的墙体来达到增加空间的效果。然而，我们在第一章的内容中提过，并不是所有的墙体都可以随意拆改，而且如果拆改的墙体不合适，反而会得不偿失。

那么，究竟哪些墙体不可以拆改呢？如何识别不可以拆改的墙体，拆改墙体时又需要注意哪些事项呢？

1.识别墙体类别

通常来说，房子的承重墙是不可以拆除的，但并不是说除了承重墙之外的其他墙体都可以随意拆改，梁柱、配重墙、屋顶、地面都是不可以拆改的。因为这些墙体结构对房子的安全性起着决定性作用，一旦拆改就会破坏力的平衡，甚至造成整栋楼的倒塌。

表2-1 房屋结构中的不同墙体

墙体名称	墙体位置	墙体厚度	墙体作用	辨别方法	是否可拆
承重墙	房屋的外墙体以及与邻居相连的墙体一般属于承重墙	砖结构承重墙≥0.24米 混凝土结构承重墙0.16~0.2米	直接承受上部屋顶、楼板所传来的荷载	敲击墙体回声较弱，以及户型结构图中标注为黑色区块	否
配重墙	窗与窗或门与门之间，以及阳台边的矮墙	砖结构承重墙≥0.24米 混凝土结构承重墙0.16~0.2米	平衡阳台荷载，保证阳台不会发生倾覆	敲击墙体回声较弱，以及户型结构图中标注为黑色区块	否
轻体墙	卫生间、储藏室、厨房和过道走廊上	0.08~0.15米	划分空间布局	敲击时有清脆回声，以及户型结构图中标注为浅色区块	是

续表

墙体名称	墙体位置	墙体厚度	墙体作用	辨别方法	是否可拆
抗震墙	没有门窗洞口或只有少量很小的洞口的房屋外墙体	≥0.2米	主要承受风荷载或地震作用引起的水平荷载和竖向荷载	敲击墙体回声较弱，以及户型结构图中标注为黑色区块	否
填充墙	框架结构中填充在柱子之间的墙	0.1~0.2米	起围护和分隔作用	敲击时有清脆回声，以及户型结构图中标注为浅色区块	是

2.墙体拆改方案

在墙体改造方案中，拆改较多的墙体包括厨房墙面、客厅与次卧之间的墙体、次卧与主卧之间的墙体，主卫与主卧之间的墙体等。

例如，下图是一个三室两厅两卫的户型，如果拆除厨房的墙面，打造成开放式厨房，由餐桌代替划分厨房与餐厅空间的墙体，不仅可以让厨房与客餐厅融为一体，视觉上也会更加宽敞。

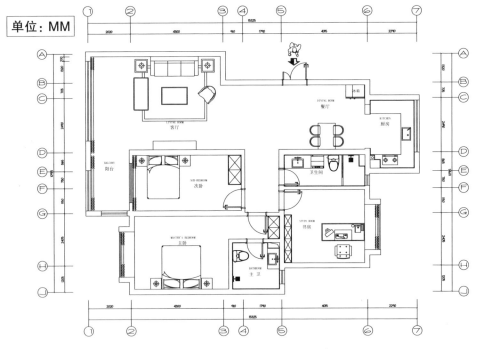

图2-1 三室两厅两卫原始结构图

当然，如果同时将主卧中的卫生间的墙体进行拆改，也可以将主卫打造成衣帽间，不仅美观而且提高了空间使用率。

3.墙体拆改措施

墙体的拆改措施一般可以分为整体拆除与阶段性拆除两种。整体性拆除是指集中时间、集中人员在短时间内，比如一天内拆除完毕。这种拆除措施虽然具有用时短、效率高的特点，但是质量不好把控，甚至会因为施工压力过大、施工人员过于紧张、拆除工具同时工作引发共振，造成拆除不彻底和承重墙开裂等情况。

阶段性拆除是指将需要拆除的墙体进行划分，并规划好拆除时间和目标。比如，可以利用3天的时间进行墙体拆除，那么就可以把3天的拆除目标制定清楚，循序渐进地进行施工作业。这种拆除措施虽然用时较长、效率较低，但是可以保证施工质量，同时也不会因为噪音过大而影响他人。

图2-2　墙体拆除

与此同时，选择合适的拆除工具也很重要。通常可以使用电锤等进行拆除，由于其具有孔径大、钻进深度长等特点，不仅可以提高拆除效率，而且会提高安全系数。

4.新墙材料选择

很多可拆改的墙体本就是采用空心砖、轻质砖，甚至是石膏板构建的轻体结构墙，只是作为分隔不同空间的隔断，而且不难发现这些墙体隔音效果比较差。因此，在将这种墙体拆除进行重建的时候，可以选择重量相当但可以起到良好隔音效果的材料，避免增加房屋的受力情况。

图2-3　选择红砖为新墙重建材料

5.墙体改造误区

在墙体的原有结构中，往往会存在很多水电、燃气管线以及钢筋，这些东西在拆除墙体时应该尽量做到有效防护，避免给后期施工留下安全隐患。尤其对于有燃气管线存在的墙体，在开始施工前一定要得到相关部门的同意，并采纳相关部门给出的建议，最大化降低安全隐患。

与此同时，墙体的拆改往往会伴有很大的噪音，所以施工时间应尽量选择工作时间的早8点至晚10点之间，否则，难免会被投诉，从而增添一些不必要的麻烦。

除此之外，拆改过程中千万不要盲目，也万不可破坏房屋结构中的防水层，厨房和卫生间的防水层必须保护好。

墙体改造工程可以称为家居装修施工中的一项大工程，除了累、脏、苦之外，与房屋的安全性息息相关，容不得半点马虎。

第二节　门窗拆改工程

对于家居装修，每个人似乎都有自己的美好憧憬，无论自己购买的房子是一居两居，还是三居四居，都想通过装修达到精致美好的效果。

那么，房屋的门窗应该如何拆改才能高端大气够"阳光"呢？

图2-4　卧室窗

门窗作为房屋中主要的围护构件和分隔构件，除了具有划分和连通不同空间的作用之外，也影响着室内环境质量和建筑节能效果。然而，开发商交付的房屋中的门窗质量一般不是很好，所以其节能效果并不是很好。如果以热能耗为例，在房屋的主要维护构件（屋顶、地面、墙体、门窗）中，门窗的热能耗则是最高的。

表2-2　房屋各维护构件热能耗占比

序号	围护构件	热能耗占比
1	门窗	67%
2	墙体	17%
3	屋顶	13%
4	地面	3.3%

　　除此之外，门窗也具有采光、通风、隔音、防水、防火等作用，甚至可以通过对其形状、尺寸、比例、色彩进行设计来提高室内环境的艺术装饰效果。例如，通过门窗来封闭阳台的话，不仅可以扩大房屋面积，提高居住环境的安全性，而且可以起到降噪的效果，营造更加安静、舒适的居住氛围。

图2-5　阳台窗

　　所以，在家居装修施工过程中，应该尽可能地结合不同的气候条件、房主的生活习惯、具体的装修要求、建筑节能效果等因素，对门窗进行科学合理的拆改。

1.门窗拆改原则

无论想要如何拆改门窗，从其基本属性来说，都应该提高其保温隔热性能，既可以将夏季的热辐射有效地阻挡在室外，也可以在冬季有效地降低热能耗，保证室内的温度不被大量消耗。

同时，也要提高其遮阳效果和气密性。具体措施上可以采用双层玻璃或者低辐射玻璃，并粘贴玻璃膜、加装窗帘。不过，这并不意味着要将门窗彻底封死，依然需要有一定的透气性，达到1.5次/h的换气量即可。

2.门窗材质选择

门窗材质主要是指门窗框的材质，一般包括塑钢门窗、断桥铝合金门窗。无论哪一种门窗，在选择时都要重点考虑其密封性、老化等问题，不要贪图便宜购买质量不佳的材质，一定要选择正规的生产厂家，提高门窗的使用寿命和使用体验。

表2-3　不同材质门窗优缺点对比

材质	优点	缺点
塑钢门窗	保温性好	刚性差
	导热系数低	防火性能差
	隔热效果好	脆性大
	气密性高	燃烧时会释放有毒气体
	隔音性好	重量大
断桥铝合金门窗	隔热性强	保温性能差
	隔音效果好	不易维修
	硬度高	开启角度受限
	密封性好	
	外观美观	

相对来说，断桥铝合金门窗的使用寿命要长于塑钢门窗，而且前者的整体性能要优于后者，尤其是在短时间内不易出现老化现象，价格也能被大多数人所接受。

图2-6 断桥铝合金窗

3.门窗开关方式

门窗的开关方式通常包括平开式和推拉式，而室内门中除了厨房门之外大多是平开式。那么，究竟哪种开关方式的窗户在保持美观的同时更方便生活呢？要知道，窗户的开关方式如果没有设计好，同样会影响生活质量，比如噪音的侵入往往会影响人们的睡眠质量，尤其是临近马路的房屋，很容易受到马路上汽车行驶声音的影响。

表2-4 不同开关方式的窗户优缺点对比

开关方式	优点	缺点
平开式	密封性好	占用面积
	隔音性强	容易磕碰
	抗风压性高	开启面积较小
	方便清洁	
	安全性高	
推拉式	节省空间	密封性差
	开启面积较大	隔音效果差
	操作轻便	防尘效果差
		抗风压性能低

　　将两种不同的窗户开关方式进行对比不难发现，平开式更适合门窗拆改工程。但需要注意的是，平开式也包括外平开与内平开两种方式。外平开方式相对比较传统，优点是可以节省空间，不会发生磕碰；内平开方式又可以分为上悬倾开和下悬倾开两种方式，它们虽然会占用一定的空间，但由于其一般会使用质量更好的橡胶压条进行密封，所以密封性以及换气效果都要优于外平开方式。

图2-7　内平开式窗

　　其实，无论采取什么样的措施对门窗进行拆改，都要保证其安全性。窗户的拆改加装安全格栅是一项必要措施，这可以对家里的孩子起到很好的保护作用。

第三节　旧房翻新工程

家居装修拆除工程不只针对新房，很多人嫌弃住了多年的老房子装修格局不美观，或者感觉房屋的装修风格已经过时，往往也会进行拆改。

然而，旧房的拆旧工程相比新房的拆改工程更麻烦，完全不是几锤子就能搞定的事情，需要关注的事项和细节更多。

1.墙体拆旧施工

从房子的建筑结构来说，大致可以分为砖混架构和框架结构。砖混结构的房子相比框架结构的房子一般会更老一些，大部分属于20世纪80年代以及90年代的产物。这种房子的层高较低，最高不会超过7层，而且整栋楼的重量基本依靠墙体和柱子来支撑，所以房屋结构中的大部分墙体都属于承重墙，是不可以进行拆改的。

图2-8　框架结构房屋拆除墙体

单位：MM

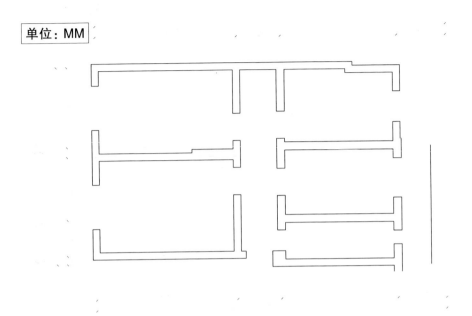

图2-9　墙体拆改图

单位：MM

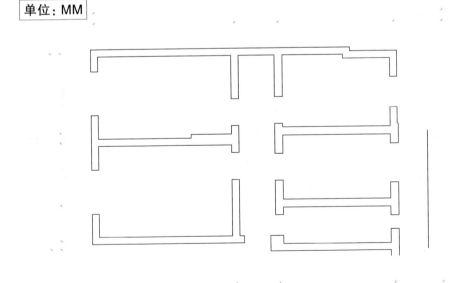

图2-10　墙体新建图

框架结构的房子通常是依靠钢筋混凝土浇灌的梁柱来支撑重量，大部分墙体属于隔墙，是可以拆改的，而且这种房子一般不会太老旧。

2.墙面拆旧施工

在旧房翻新工程中往往会传出很多不同的意见，比如有的人会说墙面不需要铲除，而有的人则会要求必须铲除墙面。那么，墙面究竟该不该铲除呢？

想要确定墙面是否应该铲除，首先要了解墙面的组成结构，以及墙面需要使用什么材料进行翻新。

墙面的组成结构一般是在墙体、墙固的基础上涂刷石膏、腻子、封闭底漆、面漆。其中，腻子的好坏决定了是否需要将墙面铲除。腻子一般分为耐水腻子和不耐水腻子，耐水腻子的使用寿命通常比不耐水腻子要长一些。如果墙面使用的是不耐水的腻子，经过几年后通常会降低墙面的抗腐蚀性，则需要重新涂刷。

检验腻子质量的方法是，将少量清水洒在墙面上，并用手指去揉被打湿的墙面。如果最终揉出了白浆，则说明墙面使用的是不耐水的腻子，需要进行铲除。

也可以通过新墙使用的材料来决定是否需要铲除墙面。如果墙面需要重新粘贴瓷砖或者壁纸、壁布，一般都需要将墙面铲除干净后再施工。

当然，如果旧墙面出现了脱皮、发霉等情况，也需要铲除墙面后重新进行涂刷。

3.地面拆旧施工

地面究竟需不需要翻新，其实很大程度上取决于房主的喜好。大部分房子的地面不会轻易出现问题，但是如果房主不喜欢之前的风格，那可能就需要拆除了。

如果旧房子的地面铺设的是瓷砖，翻新后还想铺设瓷砖，那么也需要拆除旧瓷砖。如果之前铺设的是瓷砖，翻新后想要铺设木地板，而且房子的层高可以满足高度要求，其实不需要拆除旧地砖，完全可以在地砖的基础上直接铺设木地板。

需要注意的是，直接在地砖的基础上铺设木地板难免会提高地面高度。如果后期需要将室内门全部换掉，则不会产生影响，相反，则需要将地砖拆除后再铺设木地板。

4.水电拆旧施工

在大多数老旧房子中，要么水电的管线老化，要么水电的布局不合理，要么水电的使用程度无法满足需求，基本都需要翻新或者半翻新。

同时，老旧房子中使用的电线、水管等往往适合当时的电器。但是，随着电器数量不断增多，电器产品不断升级换代，大功率电器使用越来越频繁，导致家庭的用电量不断提高，老旧房子中的电线越来越不堪重负。

所以，在旧房翻新工程中要将之前线径较小的管线进行替换，最好采用2.5平方毫米以上的铜芯线，水管则最好采用PPR材质的产品。

图2-11　重新改造水电

当然，无论是拆除电线还是水管，都要注意做好防电、防水措施，避免发生触电危险以及大面积漏水现象。

5.门窗拆旧施工

门窗作为房屋的维护构件，常年都将经受风霜雨雪的洗礼，出现老化是一种正常现象。但是，是否需要拆除更换，则要看门窗的老化现象是只存在于表面的油漆脱落，还是门窗框已经扭曲变形，五金配件是否脱落、损坏等。

如果门窗只是出现了表面老化情况，实体依然坚固，则不需要换新，重新油漆即可；如果门窗框已经扭曲变形，五金配件也已脱落、损坏，为了安全起见必须更换新的门窗。

2—12 门窗翻新

其实，门窗的拆旧施工可以放在整个旧房翻新工程的收尾阶段。因为在墙体、墙面的拆旧工程中难免会出现砂石飞溅的情况，如果先把门窗拆除了，一旦砂石通过门窗飞到楼下砸中他人，也会带来很多不必要的麻烦。

6.卫浴拆旧施工

老房子卫浴间墙面、地面的拆旧施工可以参考上面讲述的内容，这里重点讲述一下马桶的拆旧施工。如果老旧房子中安装的是蹲便器，由于其具有前下水的特征，所以在更换为坐便器的时候，就需要进行很大程度的拆旧施工（毕竟坐便器是后下水），所以下水管道必须进行更改。

需要注意的是，卫浴间的拆旧工程难免会破坏之前的防水层，因此后期重新做防水是必然的，也是必需的。

　　人们在一间房子中居住的时间超过5年，往往就会产生疲倦感。从这个层面来说，喜新厌旧已经成为家居装修的常态，但是想要通过翻新来满足新鲜感，离不开对于各个施工细节的关注。

第三章

水电工程的施工管理

　　每年的夏季似乎都是用电高峰期，仅以家庭为例，空调、冰箱、电视机、洗衣机等各种电器往往会同时使用。如果家里的水电工程没有做好，电路负荷严重，很可能会出现短路的情况，甚至会发生火灾，增加安全风险。

　　水电工程是指针对开发商安装好的水路、电路等，结合整个家庭的使用习惯、人口数量，以及是否美观等因素进行重新改造。通过材质替换、水电定位、水电开槽、电路改装、给排水改装等，使新的水电工程更加符合人体工程学，满足人们的需求，提高人们的生活品质。

第一节　材质要求及选择

在家居装修施工的漫漫长路中，对水电工程施工的材质进行了解并做出选择，才意味着真正拉开了装修的帷幕。

面对所需材料众多的水电工程，房主不仅要清楚地知道需要什么材料，而且也要掌握每一种材料的优劣。这样，不管是由施工团队代购，还是自己亲自跑建材市场进行采购，都能确保施工质量。

1.水路施工材质要求及选择

表3-1　水路施工所需材料

序号	所需材料	材料作用
1	给水管	家庭生活供水
2	排水管	家庭生活下水
3	直通	连接两根水平直线方向的水管
4	三通	连接三个不同方向的水管
5	弯头	改变水管的走向（45度或者90度）
6	阀门	给排水的开关
7	管卡	固定水管
8	管帽	将不用的水管进行封闭
9	转换接头	实现两种不同材质水管的连接
10	生料带	密封接口，降低渗漏概率

随着人们对生活品质要求的不断提高，不仅在水路施工中所需要的材料越来越多，而且明装施工工艺已经逐渐被暗装施工工艺替代。各种水路施工所需材料的质量决定了施工质量，甚至关系着装修完成后的居住舒适度和方便度。

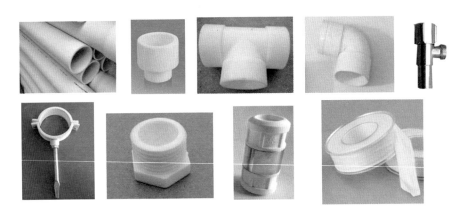

图3-1 各种水路施工所需管件

因此，在选择水路施工材料的时候，除了要考虑价格因素，还要结合房间布局、生活需求等实际因素对水路施工材料的质量进行综合考量。

一般而言，市面上比较常见的水路施工管材包括PVC管材、PPR管材、PE管材、铜质管材、镀锌管材、铝塑复合管材、玻璃纤维管材等，而且每种管材都具有不同的优缺点。

表3-2 不同水路管材的优缺点

不同管材	管材优点	管材缺点
PVC管材	可以有效降低酸碱侵蚀以及用水能耗，由于内劲比较光滑所以也可以降低施工难度。	PVC管材中通常会通过添加化学剂酞使其变得更加柔软，但同时也降低了其受热冲击力，导致承压性差，比较脆容易破裂，而且会释放有毒物质，长期使用会破坏人体功能再造系统，尤其会对人体的肝、肾等带来较大损坏。
PPR管材	具有良好的耐热性、耐腐蚀性，而且由于不易结垢，所以也具有干净卫生、环保健康的优点，而且更加保温节能。	采用PPR管材施工过程中，通常会使用熔接技术，致使其具有较大的膨胀系数，进而导致其耐低温性较差，容易开裂和老化。
PE管材	因其材质本身无毒、无味、无臭，所以使其具有绿色环保的特性，同时也具有较高的耐热性和耐寒性。	由于其对化学物品的耐腐蚀性较差，在长期使用过程中容易开裂和老化。

续表

不同管材	管材优点	管材缺点
铜质管材	因为铜本身具有较稳定的化学性能，熔点高达1 083摄氏度，使其除了拥有较好的耐热性和耐寒性之外，更加耐腐蚀，甚至具有良好的抗压性和导热性。	正是因为铜质管材有着使用寿命长、安全可靠性高、连接牢固度强且健康环保的特性，也导致其价格偏高，施工难度较大。
镀锌管材	热镀锌管材，因为镀锌层厚且均匀，所以不仅耐热、耐腐蚀，而且不易结垢，健康环保，经久耐用。	由于其具有较大的膨胀系数且耐寒性差，所以容易开裂和老化。
铝塑复合管材	具有优异的耐热性和耐寒性，同时无毒无害，健康环保。	因其无法长期承受热胀冷缩效应，所以在长期使用过程中很容易硬化，进而导致破裂渗漏现象的出现。
玻璃纤维管材	不仅耐热、耐寒，而且耐腐蚀、抗老化，甚至拥有较高的强度。	不抗压，容易破碎开裂，而且耐磨性较低。
不锈钢管材	具有较高的耐热性、耐腐蚀性，而且不易爆破，所以不会轻易出现渗漏或者损坏情况，经久耐用。	不锈钢水管有着较小的热膨胀系数，形变概率较小，所以价格会偏高。

由此可见，不同的水路施工管材具有非常明显的优缺点，那么具体应该如何选择呢？

其实，不同的空间所需要的管材不同，可以结合空间的不同作用有针对性地选择合适的管材。水路施工的空间一般是厨房、卫生间、阳台，而且每个空间也可以根据给排水的不同进一步区分选择，不仅包括材质的选择，也需要针对管材的尺寸进行选择。

表3-3 不同空间所需管材

空间	水路	管材	尺寸
厨房	给水	PPR管材	≤25毫米
	排水	PVC管材	≥30毫米
卫生间	给水	PPR管材	≥20毫米
	排水	PVC管材	≥50毫米
阳台	给水	PPR管材	≥25毫米
	排水	PVC管材	≥75毫米

无论是哪个空间，给水管材的选择除了卫生间需要分清冷热水管之外，一般都会选择PPR管材，而排水管既可以选择价格便宜的PVC管材，也可以选择价格贵点的不锈钢管材等。

与此同时，对于水路施工所需要的管件的选择，应尽量选用与管材配套的同材质的管件，而且要细心查看各种管件的颜色、光泽度、壁厚、丝扣等是否均匀、光洁。

2.电路施工材质要求及选择

表3-4　电路施工所需材料的作用、材质、尺寸

所需材料	材料作用	材质	尺寸
电线	连接电路，为各种电器供电	尽量选择国标产品，并选用铜芯电线	照明灯具≥1.5平方毫米
			插座≥2.5平方毫米
			大功率电器≥4平方毫米
穿线管	保护电线	PVC阻燃管材	外径≥16毫米
开关面板	控制灯具	PC阻燃材质	根据实际需求选择
插座	连接各种电器	PC阻燃材质	根据实际需求选择
接线盒	引出电线，固定开关面板和插座	PC阻燃材质	根据实际需求选择
灯具	为空间照明、装饰	根据实际需求选择	根据实际需求选择

具体而言，家用电路施工的电线应采用2.5平方毫米的电线作为主线，以1.5平方毫米的电线作为支线，而且选择电线时除了应该具有BVV国家标准代号，还应该对电线的外层塑料、铜线材质等进行细心查看。如果电线外层包裹的塑料呈暗淡色泽，或者铜线的色彩比较黑，则表明是劣质电线；相反，塑料皮的色彩鲜亮，铜线的色泽呈红紫色，则说明是优质电线。

图3-2　家用2.5平方毫米铜芯电线

优质的PVC阻燃管材的检验其实可以通过物理方法进行查验，比如用手或者脚

用力挤压或者踩踏，出现严重形变的管材，往往是劣质管材，而不会被压扁的管材则是优质管材。

开关面板、插座、接线盒、灯具等除了应该到正规市场进行采购之外，也要注意一些细节。例如，表面光泽发黄、发暗，而且带有强烈的刺鼻气味的开关面板、插座等，往往是采用劣质材料制作而成，应该慎重选择。

第二节　水电工程施工定位

水电工程施工除了要选择合适、高质量的材料，以保证使用过程中的安全性之外，做好水电工程的施工定位工作也是必不可少的。

图3-3　客厅灯具灯带装修效果图

做好水电工程施工定位可以大大提高使用的方便性。例如，很多人习惯在蹲厕所的时候看手机，如果水电工程没有设计好，就会造成手机没电了却找不到插座充电的尴尬局面，而引一条插线板进行充电不仅麻烦，而且会造成安全风险。

因此，在水电工程正式施工之前，应该明确家里所需要的全部开关、插座、给排水等位置。同时，应该遵循"电走下，水走上"等原则进行具体定位。

1.术业有专攻

如果后期需要使用的各种家用电器已经预定，不妨在水电施工定位的时候，对每一种家用电器的销售商或者生产商进行咨询。如果条件允许，也可以将其邀约到施工现场，请他们与施工人员一起沟通确定各种家用电器的水电施工如何分布与定位。

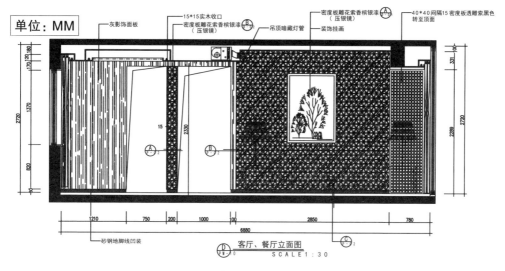

图3-4　客餐厅吊顶暗藏灯管立面图

这些人对于自己的产品更加了解，比如功率大小、线路长短等，都可以通过更专业的交流或者根据他们提出的建议进行更准确的水电施工定位。

2.宜多不宜少

时代在不断发展，人的需求也在不断增加，所以在水电施工定位的时候，不要仅局限于当前的需求，而是要尽量为未来的可能性需求做好准备。换句话说，在做水电施工定位的时候，尽量多做一些定位，以免为后期使用带来不便。

例如，厨房中除了给排水、冰箱、电磁炉等基本的施工定位之外，为了让生活更加便捷，很多人会在后期增添一些厨房用具，包括微波炉、电饭煲、洗碗机等，如果没有足够的水电，厨房用品将无法在同一时间工作，不仅不会提高生活效率，还会给生活带来很多麻烦。

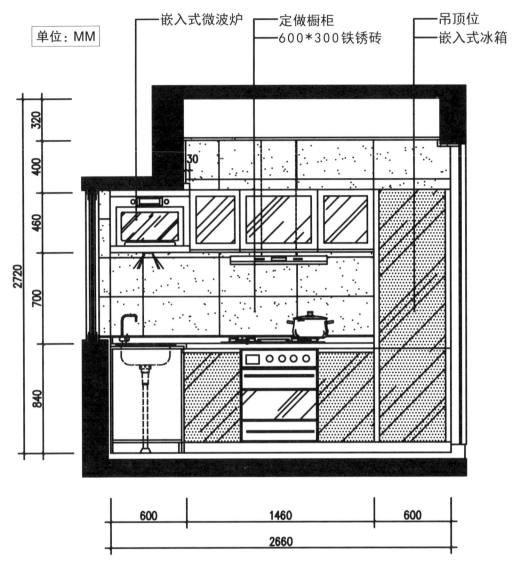

图 3-5　厨房嵌入式微波炉、冰箱定位立面图

3.平行式定位

无论是水路施工定位，还是电路施工定位，给水管与排水管，强电路与弱电路都应该避免出现交叉重叠的情况，并严格遵循平行排布的原则，且间距不小于28厘米。同时，每个空间内的阀门开关、电源开关、插座等，都应该处于同一水平位置。

图 3-6　卧室灯具电路施工效果图

　　水电施工定位做好以后，房主应该进行二次确认，设想装修完成后的实际使用情况对各个空间的水路接口位置、电路接口位置等进行使用模拟，检验其高度是否适宜，以及放置家具后是否会被遮挡等。

第三节 水路工程施工

众所周知，水电工程的材料选择以及施工定位都关系着后期的施工质量，水路工程中管材内外壁是否光滑平整、是否无裂口裂纹、是否环保健康、是否定位准确，都决定了后期使用过程是否便利。

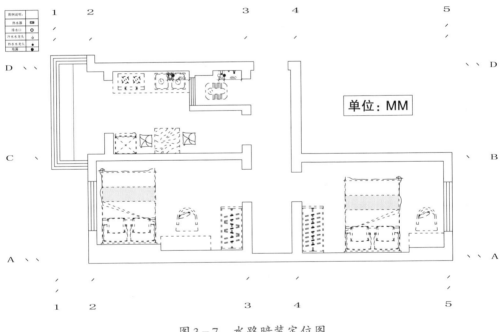

图3-7 水路暗装定位图

那么，究竟如何将优质的管材运用到房屋中呢？选择了优质管材后还需要进行科学、合理的布局，采用符合人体工程学的施工工艺，才能最大限度地降低安全隐患，提高居住环境的舒适度。

1.水路工程施工措施

我们在上面的内容中曾经提过水电工程施工的一个原则——电走下，水走上。

很多人或许会对此存在疑惑，因为传统的水路施工措施大部分是选择从地面布局管材。

其实，水路工程的施工措施除了通过地面布局管材之外，还可以通过墙体以及屋顶布局管材，而且水路走上的施工措施相对来说更安全一些。

表3－5　水路工程施工措施比较

措施载体	难易度	用料	风险
地面	一级（简单）	较多	不仅在施工时容易破坏地面的防水层，而且后期一旦出现漏水情况不易发现和维修，甚至会对家具等造成长期破坏。
墙体	二级（一般）	较少	虽然对地面防水层不会造成破坏，但是需要在墙体上开槽，对墙体将造成破坏。
屋顶	三级（较难）	较多	规避了对地面防水层以及墙体的破坏，但是需要通过吊顶等措施进行遮挡，否则会影响美观度。

综合比较而言，采取屋顶布局水路管材的方式，虽然施工难度比较大，但一旦出现漏水、渗水等情况容易被发现，而且维修简单，通常不会造成严重损失。

2.水路工程施工流程

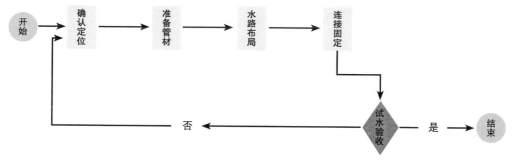

图3－8　水路工程施工流程

第一步，确认定位。

施工人员进场后，首先需要对之前的水路施工定位进行二次确认，对房主的要求以及施工要求进行充分了解，明确各种水路设备的具体位置，比如厨房水槽、洗手间台盆和马桶、阳台洗衣机的具体位置。确认无误后，严格按照相关图纸进行施工作业。

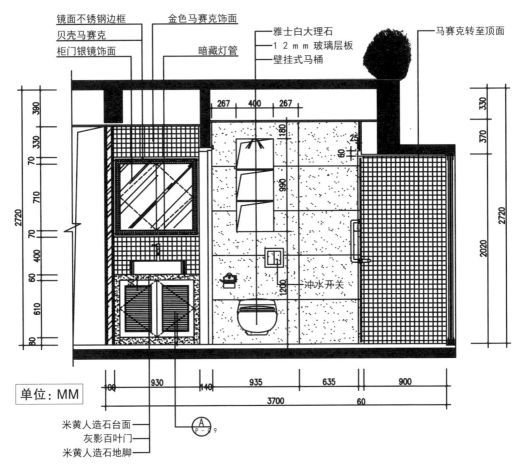

图3-9　洗手间马桶立面图

图3-10 洗手间台盆效果图

第二步，准备管材。

除了要将所需要的管材以及配件等准备齐全，还应该针对需要切割的管材进行提前切割。值得注意的是，管材的切割需要保证切口垂直，切面平滑，这就对切割技术提出了一定的要求，即切割时的用力应该均匀、持续，一次性切断。

第三步，水路布局。

当所有需要的管材管件准备好之后，应该严格按照图纸进行布置。如果发现有短缺或者长短不一的管材管件应及时进行补充，以免耽误施工进度。

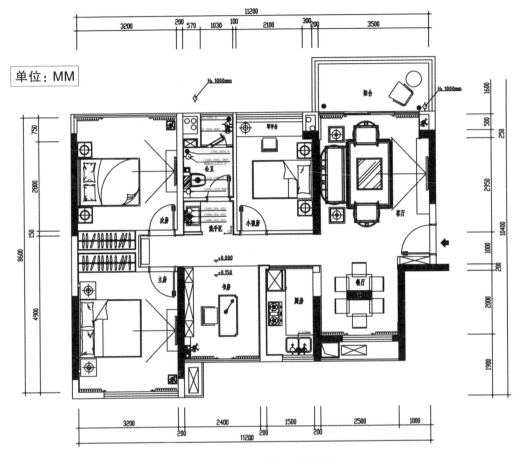

图 3-11　给排水布置图

第四步，连接固定。

按照图纸布局完成后，便可以将各路管材进行连接固定。一般连接方式会采用热熔焊接方法，同时会通过生料带的缠绕进一步确保密封性。需要特别注意的是，水路管材的连接与固定需要做到横平竖直，切忌弯曲。

第五步，试水验收。

各路水管连接固定完成后，需要进行试水检验。如果存在密封性不好，出现漏水、渗水的情况，则应及时与施工人员进行沟通、检查；如果水路布局等存在不合理的地方，可以要求施工人员返工。

第四节　电路工程施工

家庭中的电路与水路相比，重要性不言而喻。如果电路施工质量不达标，时间久了不仅会出现电路老化漏电等情况，而且会导致电压不稳，那自然会损坏各种家用电器，甚至威胁家人的生命完全。

所以，电路工程施工必须严格按照操作规范进行，尽一切力量提高电路施工质量。

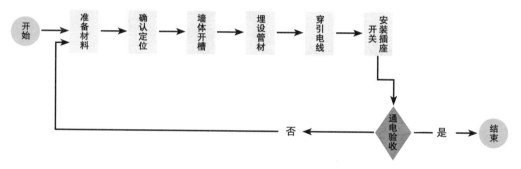

图3-12　电路工程施工流程

第一步，准备材料。

电路工程施工前需要准备的材料除了电线之外，还应该准备穿线管材、开关面板、插座、灯具等，以及剪切、连接电线和管材所需要的各种施工工具，包括钳子、电笔、生料带、绝缘胶带等。

第二步，确认定位。

对之前的电路施工定位进行二次确认，并在墙面和屋顶上将开关、插座、灯具、电器等电路终端位置进行明确标注。

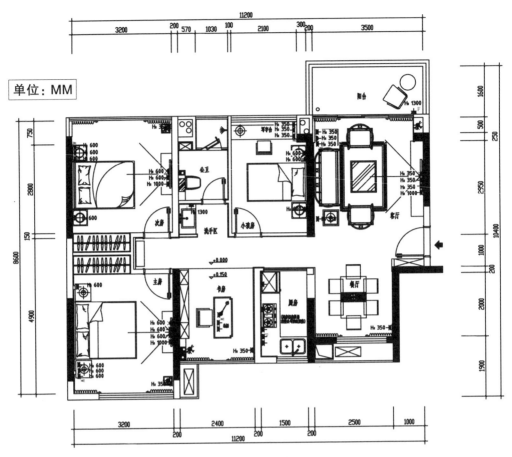

图 3-13　插座布置图

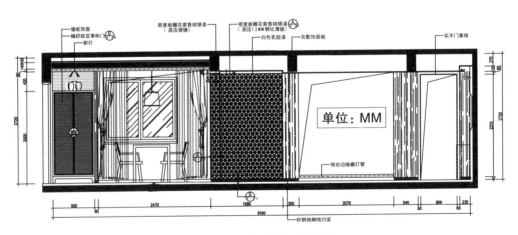

图 3-14　过道射灯立面图

第三步，墙体开槽。

由于电线不易外漏的装修性质，所以需要通过对墙体开槽的方式将电线进行隐蔽工程施工。开槽时，需要根据电路工程布局图进行施工定位，以免对墙体造成不必要的破坏。

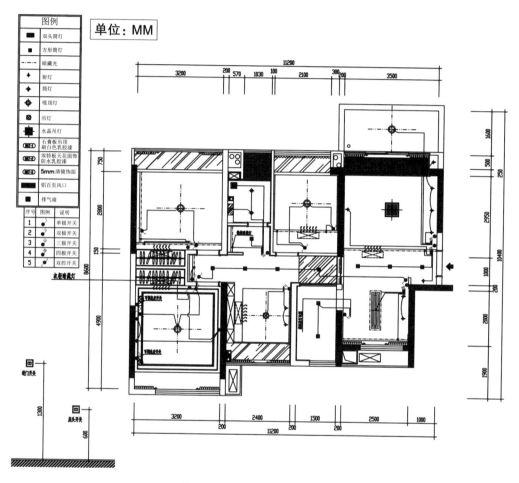

图 3-15　照明电路布置图

具体的墙体开槽深度以及宽度可以依据选用的管材确定。开槽深度一般相比确定选用管材的外直径深5毫米左右，开槽宽度一般相比确定选用管材的外直径宽10毫米左右。同时，也要尽量遵循路线最短、横平竖直、大小均匀的原则进行开槽。

图3-16　墙体开槽

第四步，埋设管材。

电路工程施工首选的管材为PVC材质，并按照已经完成的开槽进行铺设，同时需要将管材进行连接与固定。

第五步，穿引电线。

管材铺设固定完成后，需要将导线穿入管材中，并按照不同的电路进行穿引。需要注意的是，每一路电线穿引成功后都需要引出管材至少15厘米，而且不同性质的线路不可以在一根管材中穿引，比如网线、电线、有线电视线等都需要分开穿引。

第六步，安装插座开关。

安装对应的电路定位，将相应的开关面板、插座、灯具等安装到位。以客厅背景墙面为例，如果长度超过3.6米，至少要安装两个插座；相反，则应将插座安装在墙面的中间位置，而且应该尽量选用5孔插座。

图 3-17　客厅背景墙插座安装

第七步，通电验收。

重点需要针对插座以及开关面板等进行查验，可以先安装一些普通照明灯具，查看线路是否通电，网线、电话线等需要上网进行检验。

与此同时，也应该对各线路的零线、相线、地线进行绝缘电阻测试以及漏电保护装置测试。如果绝缘电阻值小于0.5微欧，漏电保护装置不起作用，甚至出现短路或者无法使用等情况，则应该要求施工人员检测或者重新施工。

电路工程事关重大，一定要多加注意，电线不仅要符合各种电器的最大功率，而且要禁止交叉施工。

第五节　水电工程施工注意事项

水电工程作为家居装修施工中的一项隐蔽工程，施工完成后，无论是水路还是电路都将隐藏起来。

换句话说，在水电工程施工过程中稍不留意就很有可能对未来的居住安全性、舒适性、便利性带来严重影响，轻则断电、漏水、漏气，重则将直接威胁住户的生命安全。

因此，在水电工程施工时，如果房主有足够的时间要尽量去现场看着，严格把控施工人员的施工流程，督促其标准化作业。

那么，哪些水电工程施工事项需要房主格外留心呢？

1.接头

无论是水路施工，还是电路施工，在具体施工过程中都难免会出现裁剪、连接的情况，这时就会出现一些水管或者电线接头。需要注意的是，任何一个接头都需要进行密封，以免后期出现漏水、漏电等情况。

2.开槽

开槽除了需要遵循横平竖直的原则外，也要特别注意不要在承重墙上开槽，尤其是不要在承重墙上开设横槽。如果必须在承重墙上横向开槽，应该注意力度与深度都不能过大，因为横向开槽很容易破坏承重墙的承重力，而且深度过大的话也会破坏墙体中的钢筋，造成安全隐患。

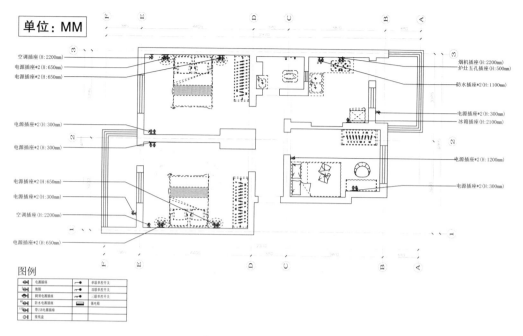

图3-18　开关连线图

3.封槽

对墙体进行开槽施工完成后，也需要及时进行封槽。封槽时需要注意封槽后的墙面、地面等要与原始的墙面、地面高度保持一致。

图3-19　封槽后墙面

4.间距

间距主要是指各种管材之间的平行距离。一般来说，冷热水管之间的平行间距不得小于15厘米，而水路管材与电路管材、燃气管材之间的平行间距不得小于30厘米，并且要尽量避免出现交叉情况。

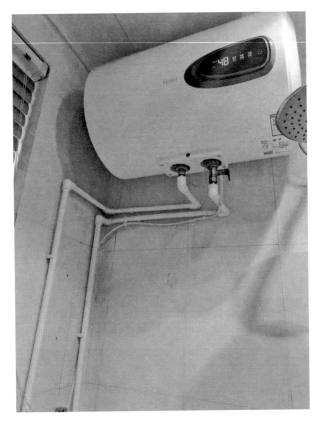

图3-20　冷热水管间距

5.线径

线径主要是指电路施工过程中使用的所有零线、相线、地线的颜色要统一，而且线径要保持一致，不能出现有大有小的情况，同时也应该避免出现大用电量小线径，小用电量大线径的情况。

6.强弱电

什么是强电，什么是弱电呢？很多人对此都无法明确区分。其实，电压在220伏以上就是强电，电压低于220伏则是弱电。强电一般用来控制家庭里面的开关、插座、灯具以及各种电器，而弱电通常只用来连接网线、电话线等。

因此，强弱电的施工也需要注意不能穿引在同一根管材中，而且任何预留的强电电线接头都必须进行绝缘处理。同时，强弱电的穿线管材的平行间距应该大于等于30厘米，并且不应该出现交叉，以免产生强电辐射从而影响信号传输。

7.燃气

燃气工程其实也是水电工程的一种，但燃气工程一般是由燃气公司的专业技术人员安装施工，所以并不需要施工团队施工。

然而，燃气工程施工完成后，也需要房主进行妥善保护，尤其不能私自进行改动，而且无论进行哪一项工程施工，都要为燃气后期的维修与安检预留出足够的空间。

图3-21　燃气管道

8.返水

排水工程施工过程中如果出现排水管过短、未采用弯头施工，或者多个排水管共用一个排水口，往往会带来严重的返水问题。所以，在排水工程施工时，需要注意的是尽量延长排水管，同时增设90度或45度弯的排水弯头以增加返水阻力，或者增设排水口。

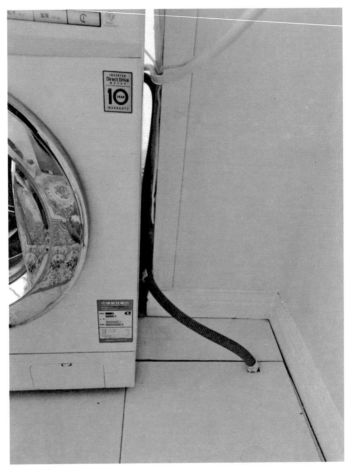

图 3-22　排水口

9.验收

在上面的内容中已经提及过验收，也就是对施工完成的工程按照国家执行标准进行查验。验收包括很多细节，仅以电路工程验收为例，便包括线盒内部接线是否牢固规范、面板安装是否水平严密、开关操作是否灵活正常等。

10.留底

所有的水电工程施工完成后，都要注意对其各种走线、各种管材铺设位置等拍照留底。因为谁也无法保证长时间使用不出现任何问题，而留底后即便出现了问题也可以精确定位、精准查找，降低维修难度以及对房屋空间的破坏程度。

其实，关于水电工程施工需要注意的事项不止于此，房主应该在施工过程中对于任何不明白的问题，或者认为不合适、不标注、不合理、不科学的施工流程，与施工人员及时进行沟通，避免留下遗憾或者问题。

第四章

墙地顶工程的施工管理

在墙地顶工程的施工管理中，由于涉及不同的空间，不同的装修材料，不同的施工工序，因此需要确定墙地顶工程的施工流程。

一旦墙地顶工程的施工工序没有得到合理的安排，那么各个施工流程将会运行不畅，各个空间的最终装修效果也将受到不同程度的影响。例如，墙面需要粘贴壁纸或者涂刷乳胶漆，地面需要铺装瓷砖。如果先对墙面工程进行施工，那么后期进行地面工程施工时，扬起的灰尘将会破坏和污染墙面。

因此，墙地顶工程的施工流程取决于各个空间装修时所需要的材料性质。

下面，我们将以地面工程铺装木地板来讲述墙地顶工程的施工流程，即墙地顶工程的施工需要遵循先顶后墙再地，自上而下的施工工序。

第一节　防水工程施工

可能有人会产生疑问，防水工程属于地面工程，不是应该在墙地顶工程施工流程的最后一道工序吗？

其实，无论墙地顶工程采取什么样的施工流程，也不管墙地顶工程需要什么样的施工材料，都应该先做好防水工程的施工再进行墙地顶工程的施工。因为防水工程关系着整个房屋的地基，如果不做防水或者防水工程质量不达标，继而出现的渗水、漏水情况，将会导致基层开裂甚至沉降，从而影响整个房屋的安全性。所以，做好防水工程是一种必然选择。

那么，防水工程究竟需要针对哪些空间进行施工，又应该如何施工呢？

1.确定防水区域

防水工程并不需要对所有室内空间进行施工，只需要对用水比较多的区域重点施工即可。而且，这些区域都是一些面积较小的空间，包括卫生间、厨房、阳台，而卧室、客厅、餐厅等区域则不需要做防水处理。

图例说明:	
热水器	h.w
排水口	○
冷水水龙头	⊤
热水水龙头	●
地漏	✸

单位：MM

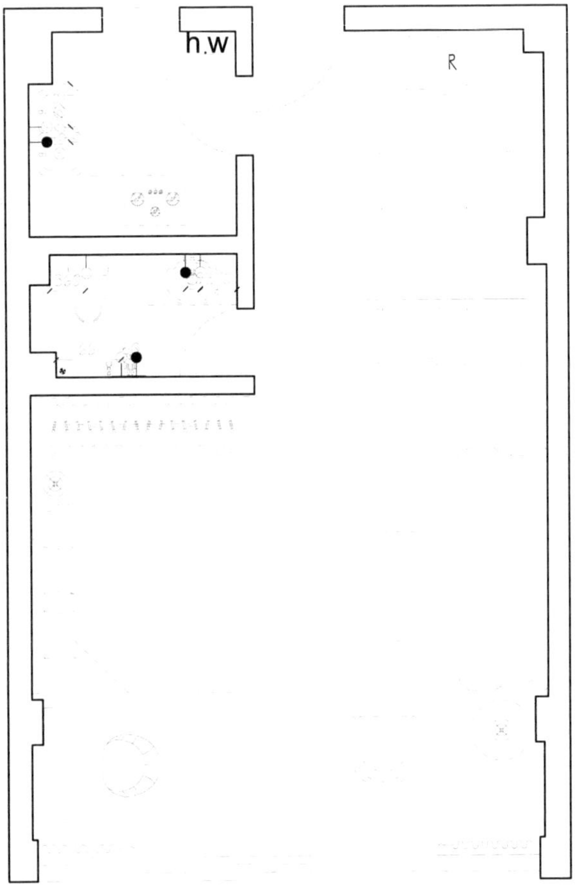

图4-1　水位布置图

表4-1 不同区域防水工程施工要求

区域	防水厚度	防水宽度	防水高度
卫生间	≥1.5毫米	以地面和墙面宽度为标准	淋浴区墙面防水高度≥1.8米
			干区墙面防水高度≥1.2米
厨房		以地面和墙面宽度为标准	水槽处防水高度≥0.5米
			厨房其他区域防水高度≥0.3米
阳台		以地面和墙面宽度为标准	防水高度≥0.3米

如果阳台需要放置洗衣机以及安装水槽，那么防水高度应该与卫生间干区的防水高度一致。同时，如果卫生间需要安装浴缸，那么与浴缸相邻、相接的墙面的防水高度应该大于等于浴缸高度0.3米。

2.选择防水材料

虽然防水工程施工所需要的工具和材料并不是很多，但必须准备一些基本的工具，尤其是要选择高质量的防水产品，从而保证防水工程的质量。

表4-2 防水工程施工所需工具及材料

序号	工具或材料	作用
1	铲刀、锤子	平整地面、墙面
2	笤帚	清扫垃圾、灰尘
3	板刷	涂刷防水涂料
4	滚刷	使防水涂料更加均匀、细腻
5	抹子	抹平、拉毛
6	堵漏材料	封堵坑洞、裂缝
7	防水产品	防止漏水、渗水

其实，用于家居装修防水工程施工的防水材料也有很多种，比如灰浆类防水材料、丙烯酸类防水材料、聚合物类防水材料等，而且每一种防水材料都有各自的优缺点。那么，究竟应该如何选用防水材料呢？

表4-3 各种防水材料优缺点及适用范围

防水材料	原料	分类	优点	缺点	适用范围
灰浆类防水材料	乳液、水泥砂浆	柔性灰浆防水材料	由于具有一定的弹性，所以即使在地面或墙面出现变形、裂缝的情况下也可以起到一定的防水效果。	一旦防水施工质量没有做好，很容易起泡。	迎水面
		硬性灰浆防水材料	由于具有较高的硬度，所以使用后往往可以直接进行下一步工序，比如铺装瓷砖等。	弹性较低，在墙面或者地面变形开裂时容易随之变形开裂。	背水面
聚合物类防水材料	多种水性聚合物、优质水泥、添加剂	聚氨酯类防水材料	具有良好的弹性和张力，不会因为墙面或者地面开裂而影响防水效果，而且施工方便，价格相对比较便宜。	虽然是防水材料中防水效果较好的一种，但是会释放刺激性气味，对人体呼吸道有一定影响，而且施工时需要使用刮板，工程比较复杂。	迎水面与背水面
		PMC聚合物改性水泥基防水灰浆	具有良好的刚性，而且黏结强度高、易干、绿色环保，施工也比较简单。	耐寒性与耐热性较差，对施工温度有一定的要求。	背水面
丙烯酸类防水材料	纯丙烯酸聚合物乳液、添加剂		无污染、无异味，很容易与地面缝隙结合，形成坚固的防水层，即形成一种具有高弹性和延展性的结膜。可以直接在潮湿的基层上施工，所以防水效果比较理想，能适应基面一定幅度的开裂变形。	施工过程晾胶时间难以控制，时间过长会出现黏结不牢和达不到满粘，造成串水。	迎水面或者背水面

通过上表对各种防水材料的原料、分类、优缺点、适用范围的对比，不难发现其中两个关键词，即迎水面与背水面，这是什么意思呢？

其实，只要房主在防水工程施工过程中对迎水面与背水面进行一定的了解，再结合各种防水材料的优缺点便可以确定使用哪种防水材料比较合适。

在地下水位以下或水下有水压力作用在混凝土结构面上的部位称为迎水面。如：水箱的内墙面和内底面。如果按照这个逻辑来推理，背水面则是指不接触水的那一面。而在家具装修防水工程施工过程中需要做防水的区域基本都是针对迎水面，所以在各种防水材料中应该首先选择适用迎水面的材料，比如柔性灰浆防水材料、聚氨酯类防水材料、丙烯酸类防水材料。但是通过对比这三种防水材料的优缺点不难发现聚氨酯类防水材料具有较大气味，因此最终可以选用柔性灰浆防水材料和丙烯酸类防水材料。

3.防水工程施工

想要提高防水工程施工质量，除了选择合适的防水材料之外，还必须严格按照标准的施工程序进行施工，这样才能最大限度地延长防水工程的使用年限，达到经久耐用的效果。

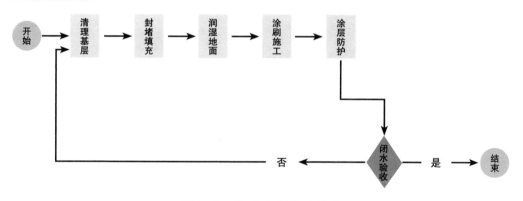

图4-2 防水工程施工流程

第一步，清理基层。

无论是厨房还是卫生间或者阳台做防水工程，都需要提前处理好基层，可以使用铲刀以及锤子等工具将对应空间的地面、墙面上凹凸不平的地方进行找平处理，以保证后期施工后的防水层薄厚均匀一致。如果用锤子轻轻敲击地面或者墙面时，发现某一处存在明显的空鼓情况，则需要将所有空鼓地方清理掉，使其变成实体地面或者墙面。

第二步，封堵填充。

通常，墙角以及各种管材的根部与地面连接的地方都需要使用堵漏材料进行封堵，如果地面或者墙面存在裂缝，也需要进行封堵填充。

除此之外，地漏以及所有出水管口也需要封堵，可以使用管帽封闭或者胶带缠绕。

第三步，润湿地面。

将基层进行润湿处理，有助于防止防水材料中的水分流失，从而可以有效预防防水层在干燥过程中出现变形开裂等情况。

值得注意的是，润湿地面或者墙面不是指在地面或者墙面上大量洒水，或者让地面处于存水状态，而是使用滚刷沾水后均匀涂刷地面或者墙面，使其湿润即可。

第四步，涂刷施工。

涂刷防水材料的时候，至少需要均匀、细致地涂刷两遍，保证最终的防水层无透底、露底现象。

图4-3　卫生间地面防水层涂刷

一般而言，涂刷第一遍防水材料时，可以采取横向或者纵向的方式；等到第一遍防水层收干后，再采用与第一遍涂刷方向垂直的方式涂刷第二遍防水材料。

这种纵横交替的涂刷方式，有利于提高两层防水层之间的黏结强度，而且可以将每一层透底、露底的地方进行有效填补。

第五步，涂层防护。

防水层涂刷完成后，不要急于进行下一步工序，而应该给予更充足的时间让防水层与地面、墙面进行黏结，甚至可以在防水层上面加装一层保护层。

第六步，闭水验收。

当防水层与地面、墙面完全融为一体后，可以进行24小时甚至是48小时的闭水试验，即在厨房、卫生间、阳台的门口处做一个简单的不漏水、不渗水的门槛，且高度不得低于0.25米，同时将所有空间内的排水管口封堵后，注入深度在0.2米左右的水。

24小时或者48小时后，可以查看楼下邻居的天花板有没有漏水或者渗透现象。如果存在漏水情况则应要求施工人员返工，直至无漏水现象出现为止。

防水工程同样属于家居装修施工工程中的隐蔽工程，所以必须给予高度重视，严格把关。质量达标的防水工程不仅会为房主后期的生活带来便利，也有助于邻里之间形成和睦的关系。

第二节 吊顶工程施工

吊顶工程是木工施工人员负责的主要项目之一，虽然也是家居装修施工流程中的一道工序，但并不是所有的房屋都适合吊顶。

其实，决定房屋是否适合吊顶的决定性因素是房子的层高。因为吊顶的高度一般会在0.3米左右，也就是从吊顶完成后的饰面到屋顶的夹层距离。而从吊顶完成后的饰面到地面的夹层距离一般会在2.5米左右，这就要求房屋的层高至少在2.8米左右，过低则会影响使用效果。

层高不足还选择吊顶工程施工，往往会进一步降低层高，导致整个居住环境变得压抑。相反，如果层高足够高便可以选择不同的吊顶风格与造型，让房间变得更加美观、大方的同时还能彰显房主的生活品位。

图4-4 客厅极简风格吊顶

图4-5　书房美式风格吊顶

图4-6　卧室日式风格吊顶

图4-7 过道中式风格吊顶

1.吊顶种类区分

每一种吊顶都具有其自的优点与缺点,而且适用的范围也会有所不同。所以,人们应该根据每个空间的功能、作用等选择合适的吊顶种类。

表4-4 吊顶种类

划分依据	吊顶种类	优点	缺点	适用范围
按照不同工艺	隐蔽式吊顶	整体性较强,美观大方	屋顶上的水路或者电路等出现问题时维修比较麻烦	卧室、客厅、餐厅
	活动式吊顶	便于施工与更换	影响美观度	卫生间、阳台
按照不同饰面	石膏板吊顶	重量较轻容易施工,而且保温隔热,具有较强的防火性能	容易发黄开裂,且防潮性与承重性较差	卧室、客厅、餐厅
	金属板吊顶	由于具有较高的强度,所以比较抗压耐腐蚀,不易损坏且使用寿命较长,防火防潮性良好	板型比较单一,对平整度要求较高,加大了施工难度	厨房、卫生间

续表

划分依据	吊顶种类	优点	缺点	适用范围
按照不同饰面	木板吊顶	环保健康且具有实木的质感，效果看起来更加自然美观，可塑性较大	不耐脏，而且防潮性较差，长期受潮容易腐朽	卧室、客厅
	塑料板吊顶	板型、色彩丰富多样，防水防潮、抗污抗腐、隔音隔热等性能良好，由于材质本身重量较轻，容易施工也方便清洁	由于其物理稳定性较差，时间久了容易变形变色，加快老化速度缩短使用寿命，而且会释放刺激气味，环保性较差，甚至对人体造成伤害	厨房、卫生间、阳台
	矿棉板吊顶	属于高效节能材质，重量轻容易施工，而且具有良好的防火性、隔热性、隔音性	密度与强度较低，导致防水防潮耐磨性较差，容易被损坏和出现变色现象	卧室、客厅
	格栅吊顶	防火性、通风性以及防腐性都比较良好，而且健康环保、色彩丰富，可以呈现不同的风格效果	由于具有缝隙，当灰尘上扬散落后不易清理	客厅、餐厅、阳台
按照不同龙骨	木龙骨吊顶	具有良好的抗震性、可塑性，施工简单	易燃，且防潮性耐腐性较差	卧室、客厅
	轻钢龙骨吊顶	强度大、重量轻，不易出现变形，且防腐防潮耐热	可塑性较差，施工难度大	厨房、卫生间、阳台
	铝合金龙骨吊顶	具有较高的强度和刚性，而且质量较轻，降低了施工难度，同时防水性、抗震性、耐腐性、保温性、隔音性都较好	一经受损无法完全修复，容易导致吊顶线条扭曲、平面高低不平	卧室、客厅、餐厅

通常来说，客厅和卧室往往会采用石膏板吊顶，而厨房、卫生间、阳台大部分会选择金属板吊顶。然而，时代在发展、科技在发展，人们追求的生活品质也在不

断提高，所以也有很多人会选择更加潮流环保、耐用的吊顶方式，比如选择石膏板的延伸型饰面板材——防水石膏板，或者是选择木板的升级型饰面板材，生态木、桑拿板等。

图4-8　书房格栅型生态木吊顶

2.吊顶所需工具及材料

吊顶工程施工除了要对各种材料进行选择与检验，比如材料的品种、规格、质量等是否符合设计和施工要求，材料的甲醛、苯等含量是否符合国家规定的环保标准要求，也要及时准备所需要的各种工具，做到有备无患。

表4-5　吊顶工程施工所需工具及材料

工具/材料	作用/材质	规格/标准
手持式切割机	用于对脆性材料的切割、开槽	应符合GB3883的有关规定 输出轴端径向跳动值≤0.04毫米 额定电压须≤115伏 切割锯片外露部分角度≤180度
角尺	用于量度板材的两面	材质按GB6092-85标准制造，材料HT200-250

工具/材料	作用/材质	规格/标准
墨斗	用于在墙面、屋顶、地面、板材等上面打直线	由墨仓、线轮、墨线（包括线锥）、墨签四部分构成
手持式气动码钉打钉枪	用于以压缩空气为动力向木材等材料上码钉打钉	外壳一般采用合金材质，具有方便操作的开关，而且弹夹为硬质氧化材质
手持冲击钻	用于钻孔或者凿墙	不同型号的冲击钻规格不同，以额定输入功率为560瓦，输出功率为320瓦为例，空载转速2 800转/分钟，额定转速1 700转/分钟，最高冲击数量50 000次/分钟，钻孔性能：混凝土12毫米，钢材10毫米，木材20毫米，扭矩5牛顿米，钻夹头性能1.5~13毫米
钢钉及锤子	用于固定、连接各种材料	根据具体情况选择，钢钉一般包括圆钉、扁头钉、平头钉、方钉、三角钉、骑马钉、麻花钉、射钉、水泥钉、拼合钉、油毡钉、瓦楞钉等，强度一般为500~1 300千帕，长度为19~102毫米，直径为2.5~5.5毫米
木工锯	用于切割等加工木材的工具之一	可分为框锯、刀锯、槽锯、板锯等，以粗锯条框锯为例，锯条长650~750毫米，齿距4~5毫米
激光投线仪	用以投射水平和铅垂的激光线，提高测量的准确性	常用的激光投线仪的室内工作半径一般为10米左右
气动螺丝刀	用于拧紧和旋松螺丝螺帽	常用气动螺丝刀一般为500~8 000转/分钟
吊杆	用于调整吊顶的高度，并作用于承载吊顶的荷载以及连接吊顶的各结构件	室内常用吊杆的直径一般为6~8毫米
龙骨	用于吊顶的主材料，可起到固定吊顶的作用	弯曲宽≥5毫米，弯曲高≥3毫米，同时应达到《建筑用轻钢龙骨》（GB/T 1981—2008）执行标准。常见规格有20毫米×30毫米、30毫米×40毫米、40毫米×40毫米
面板	用于调节室内装修环境	幅面较大的板材规格一般为600~1 200毫米×1 000~3 000毫米。幅面较小的板材规格一般为300~600毫米×300~600毫米。厚度一般为9~18毫米

3.吊顶工程施工

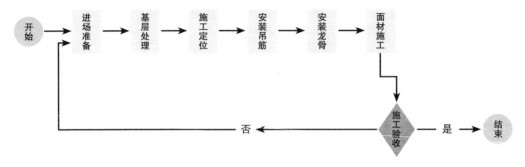

图4-9　吊顶工程施工流程图

无论使用什么样的吊顶工程施工工具，也不管选用什么样的吊顶工程施工材料，如果没有严格按照吊顶工程施工流程操作，将无法保证吊顶施工质量，甚至会留下很多安全隐患。

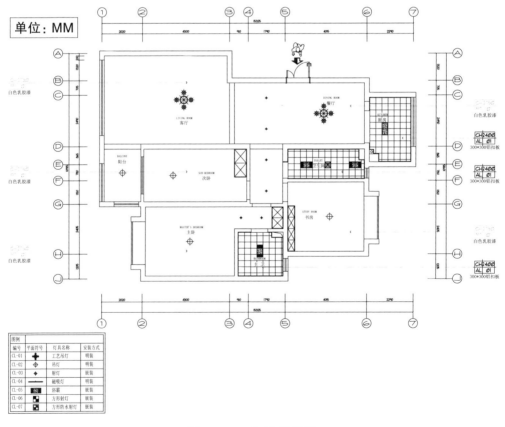

图4-10　天花布置图

第一步，进场准备。

进场准备是指在正式进行吊顶工程施工前对房屋的空间结构、房屋层高、屋顶设备管道等进行仔细检查，看其是否符合设计图要求，是否适合吊顶以及吊顶高度如何控制，是否存在漏水漏电情况等。

同时，应该根据天花布置图、尺寸图确定不同空间区域的吊顶工艺，并准备相应的材料、工具等。

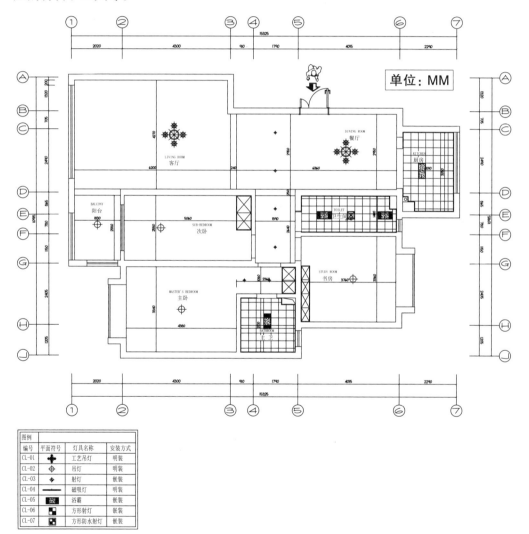

图4-11 天花尺寸图

第二步，基层处理。

基层处理主要是指对房屋的顶面进行检查，如果存在裂缝等问题，应该及时采取措施补救，避免吊顶工程施工完成后再次拆卸。

第三步，施工定位。

施工定位主要是指使用墨斗将吊顶的标高线、龙骨的分布位置、灯具的位置、给排水管的位置等进行标注。

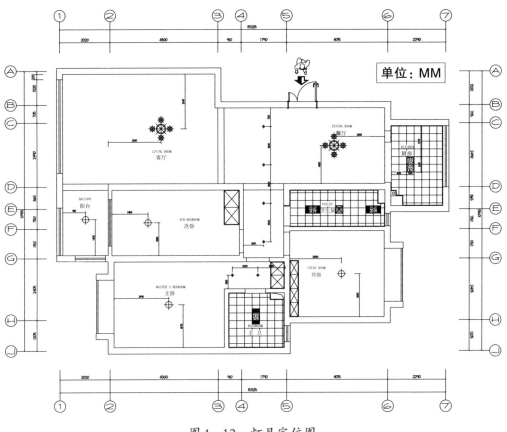

图 4-12　灯具定位图

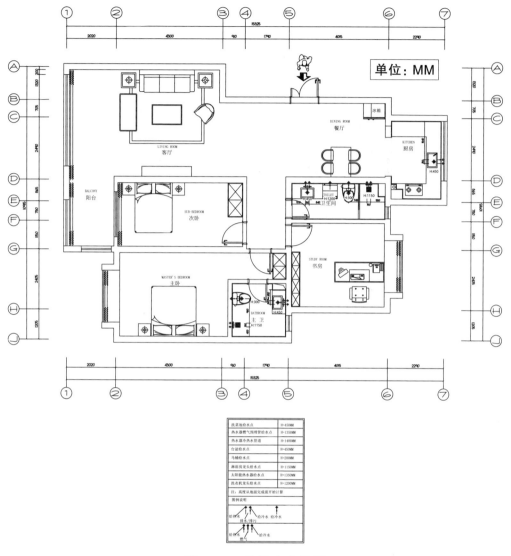

图4-13 给排水定位图

第四步，固定吊筋。

吊筋是吊杆的另外一种说法。固定吊筋需要注意的是间距问题，吊杆之间的距离通常应该小于等于1.2米，如果吊顶高度超过30厘米，应增加吊杆数量，并缩小吊杆之间的距离。

第五步，安装龙骨。

龙骨不仅有种类之分，在具体施工过程中也有主次之分。一般而言，需要先安装固定主龙骨，再在主龙骨之间安装次龙骨。应该注意的是，主次龙骨交汇处还需要使用小龙骨进一步固定，而且需要错位安装，也就是说小龙骨的安装不能形成一条直线。

图4-14　安装龙骨

与此同时，主龙骨的间距应该小于等于1.2米，次龙骨间距应该小于等于0.4米，临近墙面的主龙骨与墙面的距离应该小于等于15厘米。如果屋顶上安装有给排水、消防、强弱电等管道，主龙骨与各种管道之间的距离应该小于等于5厘米，而且主龙骨必须错开灯具位置。

第六步，面层施工。

面层施工之前，首先需要对选用的面板进行防潮、防锈等处理，避免因后期环境等影响造成损坏。具体施工过程中，面板之间的接缝应该控制在5毫米左右，固定面板的钉距应该小于等于15厘米，钉帽不能外露，也就是说整个钉子应该进入面板内1~2毫米。

第七步，施工验收。

施工验收主要是针对吊顶的平整度、牢固度进行检验，看其是否达到标准要求，以及吊顶的造型、尺寸是否与设计图纸相吻合等。

吊顶工程施工其实并不是很复杂，只要按照工序一步一步操作就可以完成吊顶工程，但想要最大限度地保证吊顶工程的安全性以及优良效果，就要做好每一个细节。

第三节 "面子"工程，有文章

在家居装修施工过程中，墙面工程施工往往是让人感觉头大的一个工程。究其原因，墙面工程不仅是所有家居装修工程中面积最大的一个工程，而且也是最具视觉冲击力的一个工程，其装修效果美观与否，很大程度上决定了家居的"面子"。

那么，墙面工程具体应该如何进行施工管理呢？

1.选择合适的施工材料和施工方式

在墙面工程的施工材料中，常见的有乳胶漆、硅藻泥、墙纸/墙布、瓷砖等，而且针对每一种材料也有不同的施工方式。房主应该详细对比各种材料的优缺点，选择合适的施工材料和方式，尤其要以健康环保为主，而不能一味地追求美观。

图4-15　壁纸墙面

图4-16　乳胶漆墙面

图4-17　硅藻泥墙面

图4-18 壁布墙面

图4-6 墙面工程施工所需材料

材料	分类	优点	缺点	施工方式	选购技巧	检验方法	适用范围
乳胶漆	聚醋酸乙烯乳胶漆	无毒无味，色彩鲜艳，涂膜透气细腻平滑，易于施工且装饰效果好	耐水性以及耐寒性较差，气候变化容易对其产生影响，出现碱化现象	滚涂、刷涂	选择带有权威检测报告以及保质期有效的产品，保证产品的环保性能和物理性能	视觉上无霉变、无结固、无沉淀，且色泽柔和 嗅觉上无刺激性气味 触觉上细腻丰满、均匀流动且黏稠度高	内墙
	乙丙乳胶漆	透气环保、成膜速度快，施工效率高	对施工温度要求较高，耐寒性较差	刷涂、喷涂			内墙

材料	分类	优点	缺点	施工方式	选购技巧	检验方法	适用范围
乳胶漆	纯丙烯酸乳胶漆	具有良好的弹性和柔性，可以有效修补墙面裂缝，而且耐酸碱，从而提高了自身的抗腐蚀性，并且环保健康，对人体没有任何伤害	优秀的综合性能致使其价格较高，而且必须保证墙面干燥，提高了施工要求	刷涂、喷涂			外墙
	苯丙乳胶漆	具有良好的耐候性、耐水性、耐碱性、抗粉化和抗沾污性，而且附着性较好，对墙面要求不高，施工比较简单	耐碱性和保色性不是很好，所以时间久了，容易出现龟裂现象	刷涂、喷涂			内墙与外墙
硅藻泥		具有吸附甲醛、净化异味、呼吸调湿、隔热保温、隔音降噪等环保功能，而且健康环保、无毒无害	比较粗糙，容易形成凹凸不平的墙面，容易聚集灰尘，不易清洁，尤其是硬度较低，很容易被破坏	涂抹	可用手掂量，一般越轻越好；同时可以用手触摸，手感越细腻越好；甚至可以用抹布擦拭，粉末以及色彩掉落越少越好	硅藻土的含量决定了硅藻泥的质量，所以可以查验产品标注的硅藻土含量是否超过20%	内墙

续表

材料	分类	优点	缺点	施工方式	选购技巧	检验方法	适用范围
墙纸/墙布	墙纸	色调纯正，样式风格丰富多样，易清洁，使用寿命较长	防潮防水性价差，所以容易脱层掉色，而且施工处理不到位，容易留下拼缝现象	粘贴	嗅觉上如果有刺激气味或者淡淡的清香都不可以购买，很可能含有苯等挥发性物质。同时，尽量不要选用PVC合成壁纸，而且要选用损耗率低于10%的壁纸，也就是壁纸的花形越小，损耗率越低	可以裁剪一块壁纸，用水擦拭进行检验。如果存在严重的脱色现象，则说明质量不达标	内墙
	墙布	色彩图案丰富多样，可以适用于各种风格，而且吸音隔音，环保健康	防潮防水性较差，时间长了容易脱层，而且损耗率较大，价格比较昂贵	粘贴	尽量选用触感柔软且色彩图案淡雅的壁布，而且闻起来不要有刺鼻气味	裁剪一块壁布并使用清水浸泡，如果壁布完全被浸湿，则说明防水性欠佳	内墙

续表

材料	分类	优点	缺点	施工方式	选购技巧	检验方法	适用范围
瓷砖		隔音隔热，硬度较高不易损坏，而且表面光滑防水耐潮，易于清洁，大气美观，可以彰显房主生活品位	价格昂贵，施工进度较慢，一旦视觉疲劳，不易翻修	粘贴	尽量选用生产批号一致的产品，避免出现色差，而且要选择砖面无孔洞、无杂斑，细腻均匀的瓷砖	可以将同一产品的10块以上的瓷砖叠放在一起观察其大小是否一致，同时可以将瓷砖垂直放置，观察立面误差是否小于2毫米	内外墙
墙贴	模造纸、铜版纸、透明PVC、静电PVC、聚酯PET、镭射纸、耐温纸、感热纸、铜丝龙、银丝龙、镀金纸、镀银纸、合成纸等	色彩图案比较丰富，选择性较大，而且具有良好的耐水性，方便清洁擦拭	带有一定的气味，长期使用可能会伤害人体健康，而且不易铲除、更换	粘贴	尽量选用颜色纯正、饱满、厚重、无杂质、底纸印刷清晰的墙贴	用手触摸墙贴的背胶，如果黏性不大，很可能会在使用后出现翘边甚至脱落现象	内墙
护墙板	实木板、细木工板、多层板、中纤板、颗粒板等	具有良好的隔音性、耐磨性，而且可以吸潮，提高了自身调节室内湿度的作用，更为关键的是健康环保	占用空间面积，施工难度较大，而且价格比较昂贵	铺装	尽量选用密封包装、无扭曲变形，且图案逼真的护墙板	可以使用小刀刮划护墙板的表面，如果没有明显的划痕，则说明质量较好	内外墙

经过对墙面工程施工所需要的各种材料进行对比，不难发现各有优缺点，而且适用范围也有所不同。这就需要房主在选购材料时，不仅要结合各种材料的特性，而且要结合房屋的不同空间，以及每个空间的功能进行有针对性地选购。

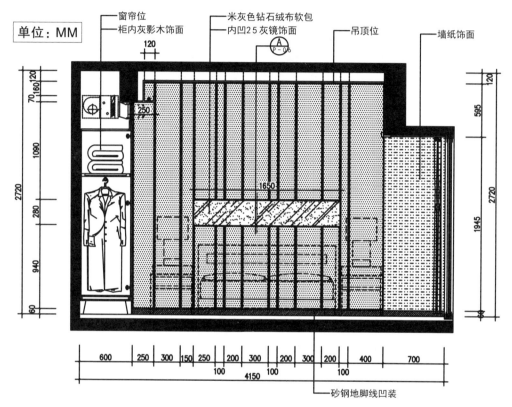

图4-19　侧卧立面图中的墙面装修标注

例如，客厅、卧室的墙面工程施工往往具有很多的选择，既可以使用乳胶漆、墙纸（布）、硅藻泥，也可以使用墙贴、护墙板；而厨房、阳台、卫生间的墙面工程施工则没有很大的选择性，通常都是以粘贴防水防晒的瓷砖为主，而且厨房空间油烟较多，使用瓷砖更容易清洁。

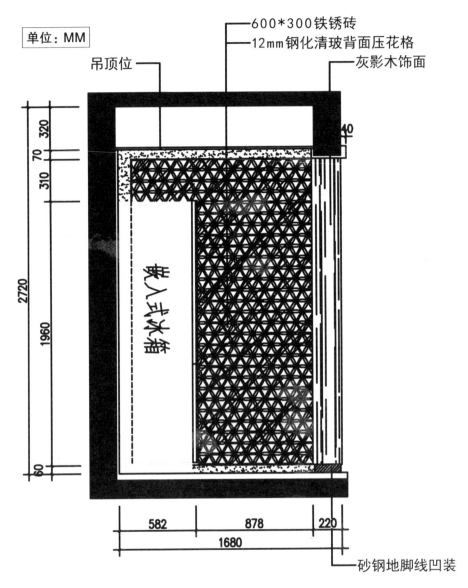

单位：MM

600*300铁锈砖

12mm钢化清玻背面压花格

吊顶位

灰影木饰面

320
70
310
2720
1960
60

40

载入式冰箱

582　　878　　220
1680

砂钢地脚线凹装

图4-20　厨房立面图中的墙面装修标注

2.墙面工程施工流程

无论是选用哪种墙面工程施工材料，也无论是对哪个空间的墙面工程施工，基本都需要先做好墙面基层处理、封固处理、刮抹腻子、打磨处理等工序。唯一不同的是，最后的饰面处理是选用乳胶漆、墙纸（布），还是选用护墙板、瓷砖等。

下面，仅以选用乳胶漆为例讲述墙面工程的施工工序。

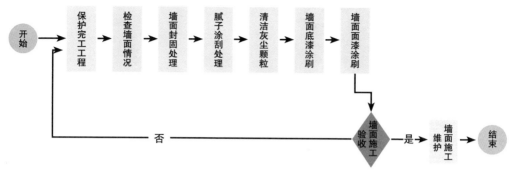

图 4 - 21　墙面工程施工流程

第一步，保护完工工程。

对已经装修施工完成的工程，比如吊顶工程，或者是已经安装的灯具等其他成品，需要重点进行遮挡、遮盖，避免墙面工程施工时的灰尘、漆料等污染。

第二步，检查墙面情况。

以大部分开发商交付的毛坯房来说，基本都是水泥墙面。在涂刷乳胶漆之前，需要对水泥墙面的平整度、坚实度等进行仔细检查，尤其要对水泥墙面是否存在空鼓情况进行重点检查。检查时可以用小锤子等工具对需要涂刷乳胶漆的墙面上下左右轻轻敲击，如果发现有回声，则需要拆除重新施工抹灰层，防止涂刷乳胶漆后出现严重的墙皮脱落现象。

第三步，墙面封固处理。

如果墙面的抹灰层存在开裂、开槽（水电路施工后未回槽的地方）、穿洞等情况，往往需要使用石膏产品及时进行填补修复，保证墙面的平整度和牢固度。

同时，为了进一步加强墙面的坚固程度，也可以使用纤维网、阴阳角保护条等，更好地避免墙面后期出现裂缝或者墙面阳角和阴角遭到磕碰而大面积脱落等情况。

当然，墙面封固处理最大的作用是为下一步工序（刮腻子）打好基础，使抹灰层与腻子之间的黏合度得到增强。

图4-22　检查墙面

第四步，腻子涂刮处理。

当墙面的平整度得到保障，选择了合适的腻子施工工艺后，便可以涂刮第一遍腻子了。一般而言，腻子施工需要至少3遍，而且必须等到前一遍涂刮的腻子彻底干透后，才能再次涂刮。需要注意的是，如果腻子的硬度不够，需要添加适量的白乳胶，以提高腻子的硬度。

腻子涂刮完成24~48小时后，腻子基本可以干透，但并不意味着可以进行下一步工序了，而是需要继续进行腻子打磨，这是为了保证墙面的光滑度、平整度。

通常，可以使用400号左右的细砂纸进行打磨，避免使用粗砂纸打磨留下明显的沙痕，影响最终刷漆后的美观度。

第五步，清理灰尘颗粒。

在打磨腻子的过程中，难免会有一些粉尘、颗粒被吸附在墙面上，这时就需要使用鸡毛掸子、吸尘器等清洁工具进行清除，保证墙面的洁净度。

要知道，未清理灰尘颗粒的墙面，会降低与乳胶漆的黏结度，刷漆后难免会出现起皮、脱落等情况。

第六步，墙面底漆涂刷。

墙面刷漆往往需要至少涂刷两遍以上，第一遍便是涂刷底漆。涂刷底漆的作用是尽量满足部分墙面的吃漆性，使其达到饱和，避免一次性刷漆带来的漆面不均匀、不美观等情况。

因此，涂刷底漆时一定要保证墙面的每个地方都要刷到，而且需要涂刷均匀，可以加入适量的水，以保证底漆的均匀程度。

第七步，墙面面漆涂刷。

面漆是相对于底漆来说的，是覆盖于底漆之上直接进入人们视野的漆面。底漆只要涂刷均匀，一般只需要涂刷一遍即可，而面漆至少需要涂刷两遍，涂刷第二遍时须等到第一遍涂刷的面漆已经干燥后。

值得注意的是，涂刷面漆时避免加入过量的水，否则，不仅会影响漆的色泽，也会降低漆膜的厚度以及硬度。而面漆的涂刷方式一般可以选择滚涂，相比喷涂来说，漆面效果更加自然且有质感。

第八步，墙面施工验收。

如果涂刷完乳胶漆后的墙面不平整，或者阴阳角不垂直，甚至有裂缝和沙痕，颜色不均等，都应该及时与施工人员沟通，进行返工。反之，则说明墙面施工达到了标准。

第九步，墙面工程养护。

墙面工程施工达标后，也要尽量防止漆面淋水、火烧，尤其是在施工结束后的一周内不要擦拭墙面或者用力触摸墙面，以免破坏漆膜的硬度。

第四节　地面施工，住得"踏实"的关键

在家居装修施工过程中，地面工程相对于吊顶工程、墙面工程而言，往往是比较复杂的，尤其要注意细节，每一道工序都做到细致、认真，才能真正打造"踏实"的居住环境。

从使用角度而言，地面不仅是人们活动、行走的依托，就连家具、设备、装饰品等都需要地面来承托，所以地面不仅要承重，还要经受各种摩擦、冲击甚至侵蚀。

从功能角度而言，由于室内不同空间具有不同的功能属性，所以每个空间的地面也要保持相应的功能属性。例如，卫生间主要功能是洗漱、沐浴等，整个空间的功能属性就是防水，那么地面的功能属性也要防水，而且还要防滑、耐磨、易于清洁等。而卧室的主要功能是睡觉、休息，那么卧室的地面就要具备吸音隔声、隔热保温、阻燃防潮等功能属性。

从色彩角度而言，由于家是一家人的温馨港湾，所以地面色彩的选用往往是以暖色为主，同时应与室内的整体设计风格相呼应，并结合室内环境的采光情况。

从材质角度而言，可用于地面工程的材质有很多，比如木质、石材、瓷砖、地毯等，但无论选用哪种材质，选择的标准都应该以与每个空间的装修设计风格相适宜，同时也要重点考虑地面的功能属性。

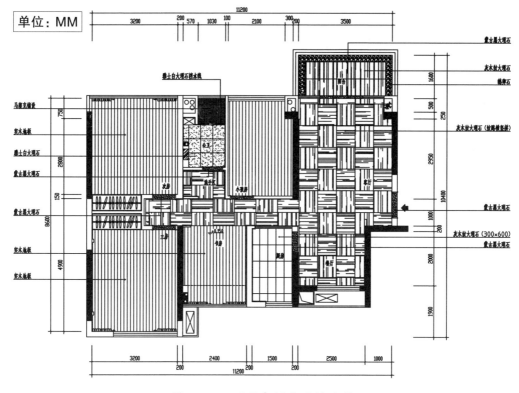

图4-23　不同空间地面铺贴图

随着科技的发展进步，适用于家庭地面工程的材料、样式已经越来越多，比如很多人已经开始采用自流平装修地面。那么，到底哪种地面更适合地面工程施工呢？

1.地面种类

一般而言，地面的结构是由基层和面层构成。面层便是由上面所说的各种材质、样式的装修材料构成，而基层是由垫层和构造层构成。

如果按照不同材质和样式的地面材料来说，地面的种类大致可以分为木质地面、石材地面、瓷砖地面、涂料地面、地毯地面等。人们可以依据各种地面的优缺点以及适用范围进行选择。

图4-24 木质地面

图4-25 瓷砖地面

图 4 - 26　石材地面

图 4 - 27　地毯地面

表4-7　不同地面类型的优缺点

地面类型	材质	优点	缺点	适用范围
木质地面	实木拼花地板、实木复合地板、实木条状地板、复合强化地板、薄木敷贴地板、人造板地板、立木拼花地板、集成地板等	天然环保，导热系数低，可以起到冬暖夏凉的作用	耐磨性、酸碱性、防潮性都比较差，长时间使用容易失去光泽而且容易变形	家庭、会所、篮球场等
石材地面	大理石、板岩，石灰石、花岗石等	强度较高，经久耐用，而且具有天然纹理，提高了本身的美观度	石材往往具有多孔性，容易染色，从而降低了抗污性能，不易清洁打理	学校、医院以及商业建筑，家庭使用较少
瓷砖地面	水磨石预制地砖、陶瓷地面砖、水泥花阶砖、马赛克地砖等	品种丰富，规格多样，且耐压耐磨，防潮防水，清洁简单方便	保温隔热性较差，而且防滑性一般，容易使人摔跤	家庭、工厂、商场等
地毯地面	合成纤维地毯、塑料地毯、纯毛地毯、混纺地毯、植物纤维地毯等	降噪隔热，耐腐耐磨，色彩品种丰富，选择性较大，具有一定的装饰效果	容易吸尘积尘，导致耐菌性防潮性较差，清洁打理比较费时费力	家庭、宾馆、展厅等
涂料地面	聚醋酸乙烯地坪漆、环氧地坪漆、聚酯地坪漆、聚氨酯地坪漆等	光亮平滑，防潮耐磨，施工比较简单	强度较弱，弹性较差，而且保温隔热效果也较差	工厂、仓库等

　　在具体采用哪种地面的问题上，归根结底还是需要结合具体的室内空间环境来进行考虑，一般采光较差的房屋更适合选择瓷砖地面。这是因为瓷砖具有一定的反光率，可以在一定程度上提高室内的光感。同时，如果家里有孩子或者饲养了宠物，也适合选用瓷砖地面，一是孩子玩闹后的地面容易清洁打理，二是可以有效防止宠物的尿液渗漏，从而避免室内环境遭到异味污染。

　　当然，如果室内环境的采光比较理想，也可以根据不同空间的功能性选用不同的地面类型。例如，在采光较好的客厅、卧室，可以选用木质地面，采用实木材质铺装的地面，不仅环保健康、冬暖夏凉，而且美观大方；餐厨的地面则可以选择瓷砖铺装，卫生间则可以选用防滑瓷砖铺装，这些空间与油污、水等的接触率较高，采用瓷砖地面不仅防潮防水，也更容易清洁打理。

2.地面工程施工流程

由于地面的结构是由基层与面层构成，所以在地面工程施工时，无论选用哪种地面类型，对于基层的施工工序基本都是一致的，区别在于面层的施工工序。

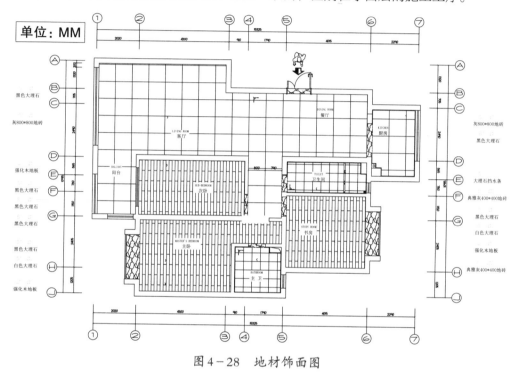

图4-28　地材饰面图

下面，我们以地面铺装瓷砖为例讲述地面工程的施工流程。不过，铺装瓷砖地面的前提是基层的防水工程已经做完，而且地面的孔洞已经封堵完成。

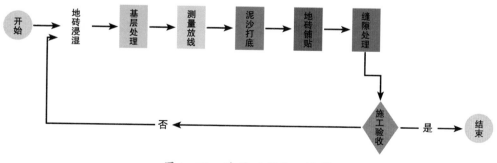

图4-29　地面工程施工流程

第一步，地砖浸湿。

在地砖铺装之前，需要先将地砖放入水桶或者其他盛有水的器皿中使其完全浸湿。吸水率大于10%的地砖必须经过完全泡水才能使用。吸水率大的地砖如果不经过泡水处理，直接使用会吸收水泥砂浆中的水分，导致后期出现地面开裂、空鼓、脱落等情况。

第二步，基层处理。

基层处理主要是指通过洒水将基层打湿，并撒上适量的素水泥，使用滚刷或者笤帚等工具涂抹均匀。需要注意的是，应该根据施工量进行基层处理，也就是说以半天时间为标准，半天时间内能够铺贴多大面积，便处理多大面积的基层。

第三步，测量放线。

通过测量找到合适的高度，并在纵横两个方向设置标高位置，然后纵横设置两条标高线。设置标高线的目的是为了防止地砖铺贴完成后出现凹凸不平的情况，保证地面的平整度。

第四步，泥沙打底。

将水泥和干砂按照1∶3的比例调制砂浆，并摊开铺平于地面。值得注意的是，砂浆不能过湿也不能完全不放水，通常以潮湿且松散为标准。

同时，砂浆铺设的高度应以放上地砖后，高出标高线3毫米左右为宜，而砂浆的厚度也应该保证在15毫米左右。

第五步，地砖铺贴。

取一块浸湿后的地砖铺在砂浆上，用橡皮锤敲打至与标高线齐平。然后，将地砖取下来，查看下面的砂浆。如果存在缺少以及不平整的情况，则需要填补砂浆并将砂浆找平。按照这样的工序反复操作两次后，第三次取下地砖并在地砖的背面均匀涂抹一层素水泥浆，再次铺上并敲打结实与标高线齐平后，便可以作为基准砖。

地砖的铺贴只要按照基准砖的工序施工即可，不同的是找平时既需要考量标高线，也需要参考基准砖。

第六步，缝隙处理。

相邻的地砖之间都应该保留一定的缝隙，防止热胀冷缩效应对地砖造成破坏。

同时，在地砖完全铺贴完成后，需要对地砖的缝隙进行清理，因为在敲打的过程中，相邻的地砖之间难免会溢出砂浆。

当地砖缝隙处的砂浆清理完成后，需要按照每一条缝隙，均匀地在每块地砖的每条边上设置两个十字卡，防止砂浆在干燥过程中移动地砖导致缝隙不均匀，不美观。

第七步，施工验收。

地面工程施工完成后，需要查看地砖的颜色是否一致，是否存在空鼓情况，是否平整，尤其是卫生间的地面是否排水流畅。如果存在问题，则需要及时与施工人员沟通解决。

第五节　泥瓦工特殊工程施工

泥瓦工除了要负责防水工程、墙面工程、地面工程的施工之外，一般还要负责窗台石以及踢脚线的施工。

虽然这种工程量通常较小，但也经常被看作是泥瓦工的特殊工程，甚至与其他装修工程一样，每个细节都要注意，容不得半点马虎。

1.窗台石铺贴

窗台石也经常被叫作"窗台板"，是在窗户的底部位置铺设的一块石材或者其他材料。

图4-30　窗台石

对于窗台石的铺贴可以说是"智者见智，仁者见仁"。有的人认为铺贴窗台石后的窗户非常不美观，完全是多此一举；有的人却认为铺贴窗台石不仅美观，而且作用很大，甚至相比原始的窗户底部材料（要么是乳胶漆，要么是窗套）更坚固耐用。

那么，窗台石究竟可以起到哪些作用呢？究竟是否应该铺贴呢？

窗台石不仅可以防止窗户玻璃受温差影响凝结的水珠浸湿墙面，或者雨雪天气忘记关窗飘进来的雨水、雪花等浸湿墙面，对墙面工程造成破坏，而且窗台石比原始窗台材料更加美观。表面比较光滑、坚固的窗台石，易打理的同时也能随心放置一些装饰物，比如花瓶等。由此可见，铺贴窗台石可以带来防水、防潮、防霉等诸多好处，真的很有必要铺贴。

一般而言，适合窗台石的材质有很多种，比如花岗石、石英石、天然大理石、岗石（人造石）等，人们可以根据每种石材的优缺点进行选择。

表4-8 窗台石各种材质对比

石材	优点	缺点
花岗石	强度较高，耐磨抗压，经久耐用，重要的是吸水率低，后期易清洁打理	花纹样式较少，选择性较差
石英石	抗压耐磨，坚硬耐用，吸水率低，花纹样式丰富，更方便打理	价格比较昂贵
天然大理石	结实牢固，经久耐用，天然的纹路提高了其自身独特的装饰性，尤其是米黄色系与白色系大花的天然大理石，色泽柔和，可以轻松搭配多种风格	石材整体密度较低，易产生渗水情况，为清洁打理增加难度，而且价格昂贵
岗石（人造石）	耐磨抗压，而且相比其他石材更容易加工处理，价格也比较便宜	色泽度较低，纹理粗糙，降低了整体美观度

相对来说，人们使用较多的石材主要有天然大理石与石英石。具体施工时，往往需要施工人员提前测量好窗台的尺寸，并提前切割好选择的石材，避免在现场切割造成大量灰尘污染。

需要注意的是，窗台石的铺贴需要在墙面工程施工之前，避免先进行墙面工程施工后铺贴窗台石而在窗台两边留下缝隙。同时，窗台石的整体宽度通常要比窗户的底部宽10~20毫米。

2.踢脚线施工

踢脚线在不同的地方有不同的叫法，比如有的地方叫地脚线。其实，无论哪种叫法都指的是对容易被脚踢到的墙面使用某种材料进行保护，防止墙面遭到冲击而被破坏。

图4－31　踢脚线

踢脚线除了具有一定的保护墙面的作用之外，也起到了一定的美化家居环境的作用。因为用于踢脚线的材质有木质、石材、PVC、瓷砖等，选择了合适的材质，便可以利用材质本身的线性、色彩等与室内的整体装修设计风格形成呼应，提高室内装饰效果。同时，踢脚线比较容易清洁打理，也可以防止拖地时的脏水溅到墙面上。

表4－9　踢脚线不同材质对比

材质	优点	缺点
木质踢脚线	美观度较高	防水防潮性较差
石材踢脚线	坚硬耐磨，防水防潮	脆性较大，容易破裂
PVC踢脚线	样式丰富，选择性大且便宜	容易起皮脱落，视觉效果较差
玻璃踢脚线	晶莹剔透，装饰效果比较好	易碎，安全性较低
金属踢脚线	时尚美观，经久耐用	成本较高，施工麻烦

通过对各种材质的踢脚线进行对比，不难发现，在经济条件允许的情况下，可以选择金属踢脚线。

需要注意的是，无论采用哪种材质的踢脚线，在施工过程中都要注意其厚度和高度。一般来说，踢脚线的厚度需要控制在5~10毫米，高度应该控制在7厘米左右，虽然相比传统的10厘米的踢脚线高度有所降低，但美观度却有所提高。当然，具体的踢脚线高度也可以根据不同空间的层高具体设计。

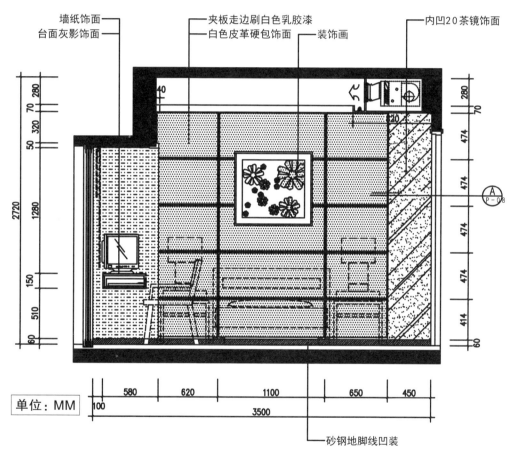

图4-32 儿童房踢脚线立面图

除此之外，踢脚线施工时也要注意其与地面的间隙，通常要求两者的间隙要小于等于3毫米，避免积攒灰尘污渍的同时也可以防止细菌滋生。

第五章

装饰工程的施工管理

　　装饰工程是指通过各种装饰材料、装饰施工工艺、装饰性艺术品等对房屋的室内环境进行装潢和修饰。

　　装饰工程不仅可以彰显房屋主人的生活品位，也能满足家人的视觉感受，甚至可以起到隔音放热等作用。

第一节　电视背景墙施工

大部分家庭在家居装修施工的时候都会选择装饰电视背景墙。电视背景墙是指在客厅、卧室等空间能反映装修风格的一面主墙，这面主墙的前面一般会摆放电视机，而这面墙一般会成为房间的视觉中心。

图5-1　卧室电视背景墙

图 5-2　客厅电视背景墙

　　无论是客厅还是卧室，摆放电视机的位置往往会成为人们的视觉焦点，是人们进入一个家庭后首先会注意的地方。所以，电视背景墙的装饰程度，从侧面反映了房主的生活品位，体现了家居装修设计的风格特色，甚至决定了居住环境的舒适性。

　　然而，传统的那种中规中矩的电视背景墙似乎已经越来越少。究其原因，一是传统电视背景墙的造价通常比较高，施工难度大，造型复杂翻修麻烦；二是因为购房人群越来越年轻化；三是人们追求的生活品位开始趋向于简约化；四是电视背景墙的可选择空间越来越大，风格造型丰富多样。

1.电视背景墙种类

　　电视背景墙的装修施工越来越趋向于个性化。如果按照风格进行划分，可以分为中式风格、日式风格、欧式风格、美式风格等。人们在选择电视背景墙的装修风格的时候，只要与家居装修设计的整体风格相呼应即可。如果按照材质进行划分，可以分为木质电视背景墙、石材电视背景墙、漆面电视背景墙、墙纸（布）电视背景墙、软包电视背景墙、颜料彩绘电视背景墙等。人们在选择电视背景墙的装修材质的时候，需要考虑各种材质的优缺点。

图5－3　木质电视背景墙

图5－4　石材电视背景墙

图5－5　乳胶漆电视背景墙

图 5-6　墙纸电视背景墙

图 5-7　墙布电视背景墙

图 5-8　软包电视背景墙

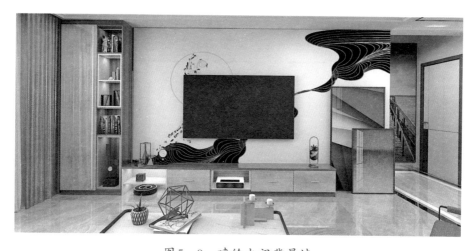

图5-9　喷绘电视背景墙

表5-1　电视背景墙不同材质对比

材质	优点	缺点
木质电视背景墙	健康环保，可以有效避免与室内其他木材发生冲突	纵向抗压性较差，容易变形扭曲
石材电视背景墙	色彩天然，环保健康更有隔音、阻燃等特点	重量大、价格高，增加施工难度与装修成本
漆面电视背景墙	质感强烈，可以起到一定的折光映射效果	颜色单一且无花色图案，甚至有开裂风险
墙纸（布）电视背景墙	色彩鲜艳，品种繁多，遮盖力强，点缀效果比较好	容易产生拼缝和空鼓等情况
软包电视背景墙	适宜营造温馨氛围，而且造型多样，装饰性较强	比较易燃，防火阻燃性较差
颜料彩绘电视背景墙	可形成不同的颜色对比，打破墙面的单调性，且价格便宜	不易更换，而且对墙面会产生一点程度的破坏

其实，无论选择哪种材质施工电视背景墙，都需要遵循造型简约、色彩搭配合理、风格协调统一的原则。

2.电视背景墙施工流程

现实生说中，很多人开始选用大理石作为电视背景墙的材料，这是因为大理石具有大气、豪华等优点，也是因为大理石电视背景墙的适应性比较强，可以搭配协调现代简约、中式、欧式等不同装修设计风格。

那么，下面就以大理石电视背景墙为例讲述一下具体的施工流程。

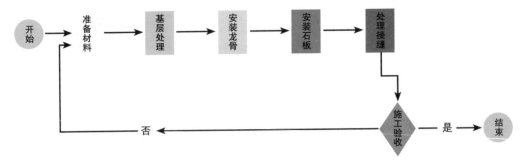

图5-10　石材电视背景墙施工流程

第一步，准备材料。

依据图纸上的标注材料进行准备，同时需要将施工用到的各种工具准备齐全。

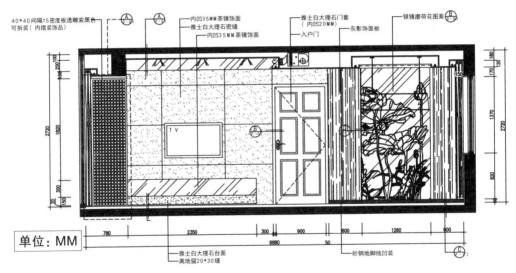

图5-11　客餐厅立面图中标注的电视背景墙材料

第二步，基层处理。

将确定装修为电视背景墙的墙面进行清洁处理，包括墙面上的灰尘、颗粒等都需要清除干净，同时需要对墙面做找平、防水、防潮、防火处理。

第三步，安装龙骨。

由于大理石的重量较大，为防止后期出现脱落情况，可以选择使用金属龙骨，并在墙体上进行钻孔以固定龙骨，再通过龙骨焊接固定架与支撑架。

第四步，安装石板。

先将大理石板安装在支撑架上，然后调整石板的水平角度与垂直角度，使其完全达到水平与垂直后，将石板的下部凿孔进行固定，并安装支撑架挂件，最后锁紧每个挂件即可。

第五步，接缝处理。

如果采用多块大理石板，每块石板之间难免会留有接缝。为了提高美观度，需要先将接缝中的灰尘等杂物清理干净，再用黏合胶填补。

第六步，施工验收。

主要检查电视背景墙是否牢固，接缝处理是否顺滑垂直，如果存在问题则应及时与施工人员沟通解决。

3.电视背景墙施工注意事项

电视背景墙施工除了要严格遵循相应的原则和流程之外，也应该注意电视背景墙的大小。例如，在小面积的客厅中装修施工较大的电视背景墙，或者购买的电视机较小，电视背景墙很大，不仅看起来不协调，而且会让人感觉压抑。

人们看电视的最佳距离一般是电视机屏幕高度的6倍左右，比如观看65寸电视机的最佳距离应该控制在4米以上。从这个角度而言，电视背景墙的厚度也要适当控制，避免过厚而缩小人们的观看距离，对人的眼睛带来伤害。

第二节 窗帘的选择及安装

窗帘在家居环境中具有一种独特的魅力，让家居装修设计中那些棱角分明且没有温度的线条得到了柔化，增添了或温馨、或清新、或自然、或典雅、或华丽、或浪漫的家居氛围，也协调了家居装修设计的风格。

图5-12 家居窗帘

当然，窗帘还能作为一道屏障与外界进行有效隔绝，保障室内空间的私密性。更为重要的是，它还可以起到遮光、减光、隔音、隔热、防风、防尘、防辐射、防紫外线等作用。

可以说，窗帘是集装饰性与实用性于一体的家居装修不可或缺的物品。而且，按照不同的标准可以将窗帘进行划分，比如按照材质进行划分，按照控制方式进行划分，按照风格造型进行划分、按照安装方式进行划分。

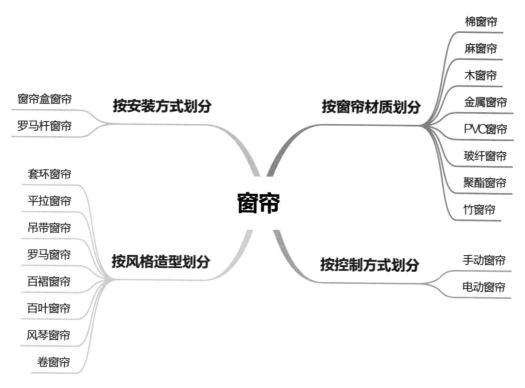

图 5 - 13　窗帘种类

　　窗帘的类型丰富多样，而且每一种窗帘也有不同的颜色和图案，可以搭配不同的装饰效果。所以，在为房间选择窗帘的时候，要注意使其风格、颜色、图案等与家居装修设计风格相协调。

　　同时，由于室内空间功能性的不同，所以在具体选择窗帘的时候，还要结合各个空间的布局和功能。

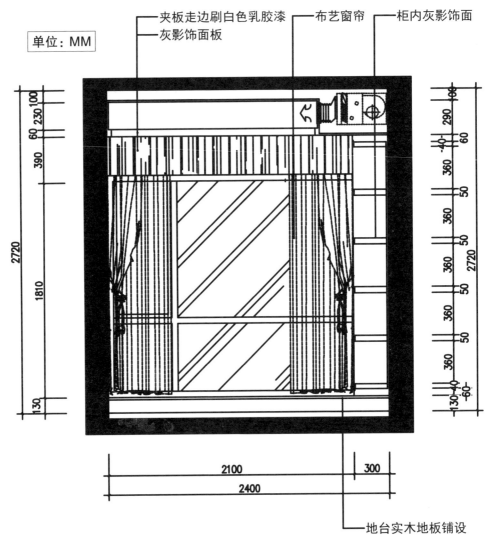

图 5-14　书房立面图中的窗帘标注

1.客厅的窗帘选择

客厅与其他空间相比更像是一个开放性区域，是家人朋友亲戚经常休闲娱乐聚会的空间，所以应该尽量选择棉麻材质且颜色明亮柔和的窗帘。在风格造型上可以考虑百褶帘，营造轻松舒适、豪华高档的空间氛围。

图5-15　客厅窗帘

2.卧室的窗帘选择

卧室通常是用来休息睡觉的，更加注重私密性、静谧性等，所以应该尽量选择棉麻材质且颜色较深遮光性较强的窗帘。同时，卧室窗帘应该具有一定的厚度，从而有效降低外界光线与噪音的影响，让卧室环境更加温馨、惬意。

图5-16　卧室窗帘

3.儿童房的窗帘选择

在儿童房的窗帘选择上，应该更加小心谨慎，因为孩子正处于身体发育成长阶段，所以切忌选择劣质的窗帘。儿童房的窗帘应以环保健康的材质为主，同时也要尽量选择颜色鲜艳一些的窗帘，女孩可以选择浅粉色，男孩可以选择深蓝色等，为孩子营造轻松愉快的居住氛围。

图 5-17　男孩房窗帘

4. 书房的窗帘选择

书房是人们用来学习或者工作的地方，应该打造一种明亮、舒适、安静的氛围，所以窗帘要尽量选择透光性、通透性较好，图案简洁、颜色淡雅的窗帘，如灰色、啡色或棕色的百叶窗帘、纱窗帘等。这类窗帘简单明快、自然洁净，能够使人神清气爽，还能起到镇定的作用。

图 5-18　书房窗帘

5.卫浴间的窗帘选择

卫浴间的窗户不仅要起到很好的通风散味的作用，更重要的是要保证卫浴间的私密性、防水性等，所以应该尽量选择金属百叶窗或者PVC、聚酯卷窗帘，因为这类窗帘不仅耐水防潮，还经久耐用。

图5-19　卫浴间窗帘

当然，每个家庭的户型也是有区别的，室内空间更是大小不一，而窗帘的尺寸要与空间大小相协调。比如，较小的空间一般应选择垂直长度短一点的窗帘，较大的空间则适宜选择落地的长窗帘。

窗帘的安装方式可以按照自己喜好来进行选择，可以选择窗帘盒或者罗马杆，也可以选择电动或者手动。安装窗帘时除了要遵循一定的安装流程外，还要注意安装窗帘时的各种距离。

以比较流行的落地窗来说，窗帘的上沿应该高出窗框15厘米左右，窗帘的下沿应避免接地，至少要高出地面4厘米左右，不然，容易被弄脏。而窗帘的宽度应该与整面墙同宽，如果是安装双层窗帘，则两层窗帘之间应该至少留有15厘米的间距，窗帘轨道与墙体应保持20厘米左右的距离。如果是安装单层窗帘，窗帘轨道与墙体则应保持13厘米左右的距离。

第三节　地毯的选择与搭配

地毯，是以棉、麻、毛、丝、草纱线等天然纤维或化学合成纤维类原料，经手工或机械工艺进行编结、栽绒或纺织而成的地面铺敷物。它是世界范围内具有悠久历史传统的工艺美术品类之一。覆盖于住宅、宾馆、酒店、会议室、娱乐场所、体育馆、展览厅、车辆、船舶、飞机等的地面，有减少噪声、隔热和装饰效果，还可以改善脚感、防止滑倒、防止空气污染。住宅内部使用区域为厨房、卧室、床边、茶几沙发、卫生间、客厅。

图5-20　家居地毯

其实，地毯除了具有很多实用性功能外，还可以带给人们舒适感，与地砖、木地板相比触觉上更加柔软舒服。一些品质较高的地毯，比如真丝地毯、羊毛地毯等，会让家居环境更加宁静和精致，还能带来扩大空间的视觉感受。

然而，地毯的种类、色彩以及图案都非常丰富，在选择地毯时应该保证其与家居装修设计的风格协调一致。例如，家居装修采用的是欧式风格，那么就需要选择充满异域风情或者花纹繁复、图案华美的地毯，与欧式风格的奢华优雅相呼应。

图 5-21　欧式风格地毯（一）

图 5-22　欧式风格地毯（二）

　　如果家居装修采用的是中式风格，则应该选择带有花、鸟、山、水、福禄、寿喜等中国古典图案的地毯，与中国的传统文化相契合。

图5－23　中式风格地毯（一）

图5－24　中式风格地毯（二）

　　不可否认，地毯的选择性很大，所以人们要了解不同材质和制作方法的地毯的优缺点，从而为房间选出合适的地毯。

表5-2 不同类型地毯的对比

划分标准	种类划分	优点	缺点
按制作方法划分	簇绒地毯	色彩风格丰富，富有弹性	耐磨性较差，容易被侵蚀，洗后收缩严重
	机织威尔顿地毯	织物丰满、弹性好，触感柔软温馨	容易脱色
	机织阿克明斯特地毯	回弹性好，防污阻燃，色彩图案丰富	长期受潮容易收缩
	手工编织地毯	做工精细，色彩艳丽，保温性好，且吸尘环保	容易滋生尘螨，且价格较贵
按不同材质划分	长毛绒地毯	防滑、柔软，富有弹性，抗静电且不易老化褪色	防虫性、耐菌性和耐潮湿性较差
	萨克森地毯	防污、防霉、防蛀，不易脱毛，便于清洁	质量较轻
	天鹅绒地毯	耐用耐磨，防静电，也防潮防滑，手感非常柔软	很容易损坏绒毛的天然走向
	平圈绒地毯	保温隔音，触感舒适，质优耐用	背衬胶料有可能散发气味

其实，想要真正选对地毯，除了要结合家居装修的整体风格、不同地毯的优缺点，也要重点考虑不同空间的实际情况，为每个空间有针对性地选择合适的地毯。

1.客厅地毯的选择

在客厅面积较大的条件下，可供选择的地毯也是很多的，但一般应以耐用、耐磨为主，毕竟客厅的空间使用率比较高，而且应该尽量选择面积较大的地毯，可以将沙发下面的地面空间一起铺设，给人一种整体的感觉。

如果客厅面积较小，则可以选择圆形地毯，或者是面积较小的地毯，只铺设于茶几下方即可。

而在材质、色彩、图案的选择上，应该尽量选择毛绒质地的深色简洁图案的地毯，营造一种舒适平静的家居氛围。

图 5-25 客厅地毯

2.餐厅地毯的选择

在餐厅空间中难免会出现污渍掉落的情况，如果选择了不合适的地毯，不仅会降低装饰效果，也会为清洁带来很大的麻烦。

所以，餐厅地毯首先要选择抗污效果比较好，且容易清洁打理的地毯，比如手工编织的真丝地毯或者短绒地毯，不容易藏污纳垢。

同时，在餐厅地毯的尺寸上也要留心，一般是以餐桌为参考标准，从餐桌边缘开始向外延伸70厘米为宜。

图 5-26 餐厅地毯

3.卧室地毯的选择

卧室铺设地毯有很大的好处，比如起夜的时候不会凉脚，而且也有隔音吸声的效果。但卧室地毯选择也要用心，除了要与卧室风格相呼应之外，还要尽量选择一些图案简单，色彩偏向于纯色的长毛绒地毯，这样不仅脚感舒适，也会让室内环境变得温馨。

图 5-27　卧室地毯

4.儿童房地毯选择

儿童房作为孩子的专属空间，可以选择带有卡通图案，或者色彩比较鲜艳的地毯。不过，儿童房地毯的质地要格外注意，在确保环保健康的同时也要容易打理。

图5－28　儿童房地毯

　　最后，有一点要格外注意，地毯的选择切忌与家居装修风格产生冲突。如果每个空间的色彩搭配已经定型，不妨选择与其相近的颜色，这样往往可以使房间的装饰效果更加协调。

第六章

油漆工程的施
工管理

　　油漆的历史源远流长，但直到1995年化学工业出版社出版的《涂料工艺》一书正式问世，才对油漆做出了权威定义："涂料是一种材料，这种材料可以用不同的施工工艺涂覆在物件表面，形成黏附牢固、具有一定强度、连续的固态薄膜。这样形成的膜统称涂膜，又称漆膜或涂层。"

　　然而，正所谓"外行人看热闹，内行人看门道"，懂行的人无不知道油漆在家居装修行业，甚至在整个建材行业里起着举足轻重的作用。换句话说，油漆工程施工管理中需要注意的事项很多，稍有不慎便会功亏一篑。

第一节　选购放心油漆材料

从油漆的组成部分来说，虽然有时会根据性能要求作出一些调整，但大致包括成膜物质、溶剂、填料、助剂四部分。而且，油漆的组成部分中有很多高分子化合物，所以也可以看作是一种有机化工高分子材料。

其实，从严格意义上（无论什么品种或形态）来说，油漆的每个组成部分都可以归为一种成膜物质，甚至可以分为主要成膜物质、次要成膜物质（填料）、辅助成膜物质（溶剂、助剂）。

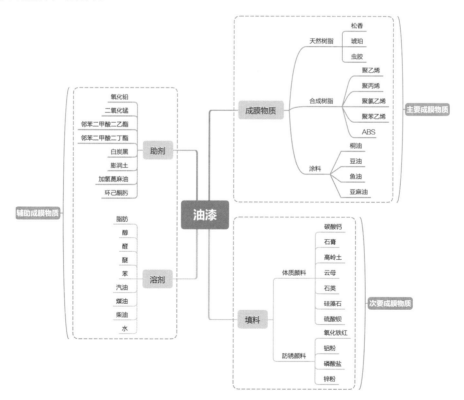

图 6-1　油漆组成部分

如果将油漆与其他化工产品进行对比，完全可以划分到精细化工产品的行列中，尤其是其具备的多功能性正在逐步成为化学工业中的一个重要存在，同时在家居装修行业中也起到了不可忽视的作用和功能，比如美化家居环境等。

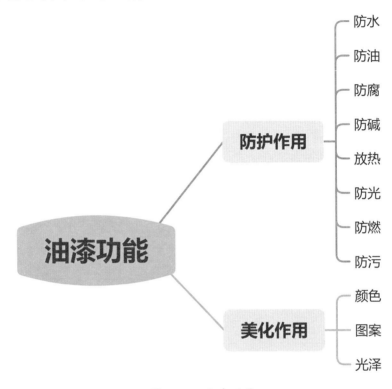

图6-2　油漆功能

家居中的各种家具、墙面，尤其是木质和金属家具、饰品长期暴露在大气中，很容易被氧气、水分等侵蚀，而涂以油漆不仅会形成一层有效的保护膜，避免家具、饰品、墙面等受潮、风化、腐朽而被破坏，从而延长使用寿命，还可以起到装饰家居环境的作用，让居住空间更加绚丽多彩，使人们居住起来更加舒适、惬意。

图6-3　油漆处理过的门、鞋柜

图6-4　浅灰色的油漆天花

油漆的种类比较丰富，除了具有上述的防护作用、装饰作用之外，还可以提供一些特殊功能。例如，绝缘油漆具有防止静电、屏蔽电磁波等作用。而且，随着科学技术的不断进步，油漆的种类也变得越来越多，给人们提供了很大的选择空间。

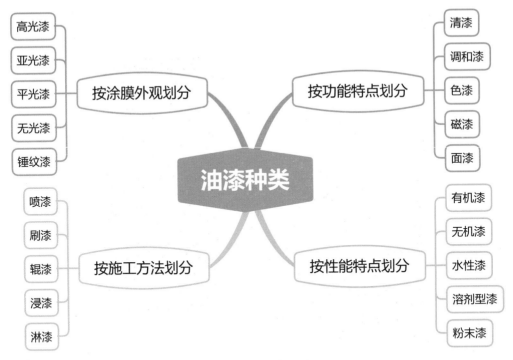

图6-5 油漆种类

如今油漆已经成为家居装修过程中不可或缺的一种施工材料，人们越来越重视油漆的同时也对其提出了更高的要求，尤其是要求油漆环保健康的呼声越来越高。

在油漆的辅助成膜物质中，如果使用的溶剂含有有毒物质，那么就会降低油漆的环保性能。所以，人们需要对油漆的有害成分进行一定的了解。

表6-1 油漆中的有害物质

有害物质	伤害人体部位	症状
挥发性有机化合物（VOC）	呼吸道、肝脏、肾脏、大脑、神经系统等	头痛、恶心、呕吐、乏力、抽搐、昏迷等
甲苯二异氰酸酯（TDI）	眼睛、呼吸道、皮肤等	疼痛、流泪、胸闷、气短、咳嗽、过敏
苯、甲苯及二甲苯	皮肤、呼吸道、造血系统、骨髓等	头晕、胸闷、恶心、呕吐、再生障碍性贫血、过敏性湿疹等
甲醛	皮肤、呼吸道、大脑、肠胃等	胸闷、恶心、皮疹、哮喘、鼻咽癌、结肠癌、脑瘤等
可溶性重金属	神经、消化系统等	神经衰弱、消化不良等

其实，油漆对人们的身体健康造成伤害的主要途径是吸入有机溶剂的分散介质、挥发物等。长期吸入该物质的人群，患有胸闷、气短、咳嗽、头晕等症状的概率将大大提高，严重者甚至会导致再生障碍性贫血、白血病、结核、胸膜炎等疾病。

这就是说，油漆中的溶剂是造成该危害的最大幕后推手，所以在选购油漆时应该尽量选择分散介质是清水的油漆，也就是常说的水性油漆。这种油漆所挥发的气体基本是无色无味的水蒸气，即便含有助溶剂也是少量且无影响的。

家居装修的油漆工程所用到的油漆，主要包括墙面漆与木器漆两种，前者主要用于各空间的墙体与天花，后者主要用于各种木质家具等，包括门窗、桌椅、衣柜、橱柜等。

那么，无论是选购墙面漆还是木器漆，除了要考虑水性因素（一般通过查看油漆外包装的标识，便可以确定是否为水性油漆，英文标识为：water-based）之外，还应该注意哪些因素呢？

1.环保指标

环保指标是指便于对环境质量进行评价而对各种环境因素设定的衡量标准。无论是墙面漆还是木器漆，有害物质含量都应该小于或等于这个标准，一旦超过环保指标，就被认定为不合格产品。

表6-2　油漆中各种有害物质环保指标

有害物质	环保指标
挥发性有机化合物（VOC）	≤200 g/L
苯	≤0.11 mg/m³
甲苯	≤0.2 mg/m³
二甲苯	≤0.2 mg/m³
甲醛	≤100 mg/kg
铅	<90 mg/kg
镉	<75 mg/kg
铬	<60 mg/kg
汞	<60 mg/kg

2.性能指标

油漆的性能指标主要是指防霉、抗菌、防水、耐擦洗等性能是否达标，比如高性能油漆的擦洗次数一般至少在5 000次以上。换句话说，涂以油漆的家具等经过5 000次的适度擦洗，依然可以保持原有色泽，不掉色、不褪色。

3.正规品牌

环保指标与性能指标都是从比较专业的角度分析油漆的优劣，这对很多房主来说有一定的难度。其实，我们还可以通过比较简单、直观的方法来鉴别并选购油漆，比如尽量选择正规品牌的油漆。大品牌通常需要通过更多的环保指标认证，认证标志越多证明油漆质量越高。

4.闻气味、看状态

可以打开油漆的包装闻一下散发出来的气味是否刺鼻，或者香味是否过于浓烈，同时查看油漆的状态是否存在硬块，还可以取一些油漆出来放置于容器中进行搅拌，观察搅拌后的状态是否均匀。如果气味只有淡淡的乳香味，而且状态比较黏稠，说明油漆的质量比较优质。

5.针对性选购

不同地域的气候条件不同，不同空间的功能也存在差异，所以也要根据特定的条件有针对性地选购油漆。例如，南方的气候一般比较潮湿，应该尽量选择具有防潮性能的油漆；而北方气候干燥，冬季寒冷，要尽量选择耐寒性能较好的油漆。

另外，油漆的选购还应兼顾空间的功能性，并尽量弥补户型及空间的不足。比如，厨房往往选用的是浅亮的暖色，让人在劳动的时候感到轻松与温馨；狭窄且层高较低的空间通常要选用冷色，这样在视觉上会更加宽敞。

第二节　油漆施工标准步骤

俗话说，磨刀不误砍柴工。家居装修施工中的任何一个工程，只有按照流程一步一步进行，才能保证施工质量与工程效果。

油漆工程施工是家居装修工程中比较重要的一个工程，对工程程序有着很高的要求，任何一道工序如果没有做好，或者被遗漏，都有可能造成无法弥补的后果。

本书在第四章的内容已经对墙面漆的施工流程进行了讲述，下面将对木器漆的施工流程进行重点阐述。木器漆的施工流程比墙面漆的施工流程更加烦琐。墙面漆一般需要涂刷两遍，可是木器漆的底漆就需要涂刷三遍，面漆也至少需要涂刷两遍，至少涂刷五遍才能保证施工效果。

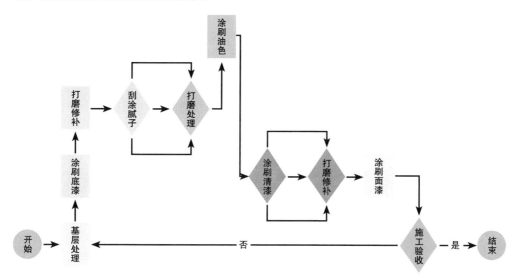

图6-6　木器漆施工流程

第一步，基层处理。

将需要涂油漆的木质家具、门窗等主体表面以及边角的灰尘、颗粒等清理干净。

如果主体的背面也需要涂油漆，同样需要清理干净。通常，可以使用刮刀等工具进行清洁，但千万不要刮出毛刺、沟痕等。

第二步，涂刷底漆。

将需要涂油漆的主体的各个部位涂刷一层封底漆，需要注意的是必须全方位均匀涂刷，不能遗漏任何一个需要涂油漆的部位。

第三步，打磨修补。

封底漆干燥后，使用磨砂纸并按照"先打磨边角线条，再打磨平面"的顺序，顺着木纹的方向全部打磨一遍。然后，使用油粉擦涂至少两遍以上，并将主体各个部位的余粉清理干净。最后，使用1号砂纸并依照之前的打磨顺序重新进行打磨，直至表面光滑为止。

这时，基层的颜色便可以显现出来。将其与样板色进行对比，如果发现存在误差，则需要及时进行修补。

第四步，刮涂腻子。

基层的着色处理完成后，选用比样板色浅一点的腻子将需要涂以油漆的各个部位的孔洞（钉孔等）、裂缝进行修补，然后整面刮涂腻子，使其平整、光滑。

第五步，打磨处理。

当腻子彻底干燥后，使用1号砂纸并顺着主体的纹路进行打磨，并将不平整的地方找平。比如，将凸处向下打磨，保证腻子的平整度，并使用潮湿的干净抹布将打磨的灰尘擦拭干净。

第六步，刮涂腻子。

这一步与第四步刮涂腻子的方法和注意事项一致，不再赘述。

第七步，打磨处理。

这一步与第五步打磨处理的方法和注意事项一致，不再赘述。

第八步，涂刷油色。

经过两遍刮涂腻子与打磨处理后，需要对主体涂刷一层油色。需要注意的是，必须以比较快的速度将主体的每个部位一次性涂刷完毕，避免出现接头而导致整体颜色有差别。

第九步，涂刷清漆。

清漆的涂刷同样要求快速均匀，避免出现接头降低整体的施工质量。

第十步，打磨修补。

清漆彻底干燥后，使用之前用过的1号砂纸对主体涂刷过清漆的每个部位进行打磨，直至清漆面基本被磨掉为止，并用干净的潮湿抹布擦拭干净。然后，重新刮涂一层腻子，同时对颜色存在差别的地方进行修色，直至整体颜色统一为止。最后，依然需要使用细砂纸再次进行打磨，并将灰尘清理干净。

第十一步，涂刷清漆。

这一步与第九步涂刷清漆的方法和注意事项一致，不再赘述。

第十二步，打磨修补。

这一步与第十步打磨修补的方法和注意事项基本相同，不同之处是不再需要刮涂腻子，只要打磨平整并将灰尘清理干净即可。

第十三步，涂刷面漆。

面漆至少需要涂刷两遍。第一遍面漆干燥后，需要使用水磨打磨平整并清理干净灰尘，然后再涂刷第二遍面漆。

第十四步，施工验收。

检查油漆施工完成后的颜色是否与样板色一致，如果存在问题就及时与施工人员沟通解决。

第三节 油漆施工常见问题及解决措施

油漆施工的目的是给家居环境带来更优质的装饰效果，但是由于施工人员的能力不同，板材的材质优劣不等，难免会导致工程效果达不到预期。

那么，油漆施工达不到预期应该怎么办呢？

预则立，不预则废。也就是说，人们可以提前对油漆工程中遇到的一些常见问题进行了解，从而避免类似问题的出现，这样往往可以达到事半功倍的效果。

1.家具表面容易开裂

在日常生活中，我们常常看见有些木质家具使用一段时间后，家具的表面会出现很多裂纹。虽然这些裂纹不影响家具的使用，但是严重降低了美观度。

这种裂纹不是木材本身开裂导致，而是油漆工程没有做好导致漆膜表面开裂。从施工角度而言，漆膜表面开裂主要是因为施工时没有选择好对应的底漆和面漆。比如，底漆和面漆选用了两种性能差距较大的油漆，在干燥过程中由于两种油漆的收缩性不同，便会导致冲突，造成裂缝出现。除此之外，如果在底漆未彻底干燥的情况下就开始涂抹面漆，也会造成干燥过程中收缩时间上的冲突，致使最终的漆膜表面开裂。

所以，人们想要规避漆膜表面开裂的问题，就要在油漆施工过程中最大限度地选择相配套的底漆与面漆，并且要格外注意每一遍油漆的干燥程度，不要为了赶时间而忽视了标准的施工流程。

2.家具表面经常起皮

这也是人们经常遇到的油漆工程问题，而且起皮还会带来一些连锁反应，比如起皮后导致家具的表面出现块状的脱落、空鼓等。

造成家具出现表面起皮、脱落的现象，除了在施工过程中选用了不配套的底漆与面漆之外，更重要的是没有处理好家居的基层。比如，基层不洁净或者施工时打磨工序没有做到位，都将导致油漆层之间的黏着力降低，而且时间越久起皮的部位越多，面积越大。

解决家具表面起皮、脱落、空鼓的有效措施，便是在打磨这道工序上下足功夫，通过有效的打磨增加油漆层之间的附着力。

3.家具表面可见刷痕

一般情况下，如果油漆过于黏稠、溶剂挥发过快、油刷刷毛过硬或者长短不一等，往往在油漆干燥后会在家具的表面出现很多刷痕，甚至导致漆膜厚薄不一。

想要让油漆施工后的家具表面看起来更加光滑，就要选用油漆浓度、溶剂挥发速度适当的油漆，使用质量较好的油刷，并顺应材质的自然纹路进行涂刷，而且要严格遵照油漆施工的标准步骤。

4.家具表面出现孔洞

虽然这些孔洞并不是很大，一般只有针眼大小，但是也是影响美观度的一个存在。

从施工角度来说，造成这个问题的原因不外乎基础处理不到位，比如没有将基层刮平，导致基层上依然有杂物或者毛刺等，阻碍了油漆对于基层的填补。不过，如果材质本身的含水率过高，也会导致油漆干燥后的家具表面出现孔洞。

因此，规避家具表面出现孔洞的方法就是处理干净基层，不能使其存在任何杂物，尤其不能使其表面出现毛刺。除此之外，还要保证材质的含水率不能高于10%。

第七章

现场安装工程
施工管理

无论是水电工程、墙地顶工程，还是油漆工程等，其实都属于家居装修施工过程中的硬装工程。

硬装工程的施工可以使房屋达到居住的基本要求，或者说能够为居住打好基础，但想要住得舒适、温馨，还需要进行软装工程的施工，包括厨卫洁具、灯具、电器、定制家具等的现场安装。

软装工程不仅可以依据不同空间的形态、功能、大小来施工，从而提高空间使用率，而且可以结合房主的生活习惯、经济条件等进行量身定制，进一步体现房主生活品位的同时也可以让整体装修风格更加统一、协调和美观。

第一节　洁具的选择与安装

洁具是指应用于厨房和卫浴间，供人们洗涤和方便的家居设备。

在家居装修施工的时候，通常会安装很多洁具，比如水槽、洗手盆、马桶、浴缸等。虽然这些洁具的安装都会由专业的施工人员操作，但是选好合适的洁具并对洁具安装的基本操作有一定的了解，才能防患于未然。

1.厨房水槽的选择与安装

俗话说，金厨银卫。而水槽又是"金厨"中的核心，因为人们使用厨房时要将一半多的时间用于水槽，甚至可以说水槽决定了厨房的使用率。

图7-1　厨房水槽

然而，水槽的种类众多，人们应该如何选择合适的水槽呢？

下面我们按照材质以及造型将水槽进行划分，并简要介绍一下各种水槽的特点。了解了水槽的特点，我们就能选出合适的水槽。

表7-1　水槽种类与特点

划分标准	种类	特点
按照水槽材质划分	不锈钢水槽	不锈钢水槽不仅防腐防锈，而且防水防潮，甚至耐寒耐高温，更为关键的是易于清洁打理，但款式比较传统
	陶瓷水槽	陶瓷水槽一般是经高温烧制一体成型，耐热性不言而喻，而且没有缝隙不会藏污纳垢更方便清洗，但是与硬物磕碰容易碎裂
	钢板珐琅水槽	钢板珐琅水槽美观度很高，清洁也很方便，但是珐琅的厚度一般只有2毫米左右，经不起用力刮擦
	人造石水槽	人造石水槽多采用无缝制造工艺，干净卫生易清洁，但耐磨性较低，且容易被侵蚀污染
	亚克力水槽	亚克力水槽的颜色比较丰富，而且硬度较高，耐温性也不错，但价格通常较高
	铸铁搪瓷水槽	铸铁搪瓷水槽具有较高的颜值，也比较坚固且耐酸碱，但是较容易被油污堆积，需要提高清洁频率
按照水槽造型划分	单水槽	单水槽在空间较小的厨房中比较常见，可满足基本的清洁功能，也可以容纳较大的厨房用具，比如锅具等
	双水槽	双水槽可以满足更多的清洗需求，具有分类使用的特点，但由于分开的两个水槽都比较小，容易溅水
	三水槽	三水槽一般是指将三个及以上水槽融于一体的水槽，可以同时提供洗涤、浸泡、存放等功能，而缺点是通常无法清洗大型厨具
	异型水槽	异型水槽一般包括圆形水槽、扇形水槽、阶梯水槽等，优点是凸显个性，具有一定的装饰作用，缺点是实用性可能会受到限制

在选购水槽时，首先可以选择与家居装修风格相协调的材质以及造型，如果对风格要求不是很高，也可以选择常见的不锈钢单水槽或者双水槽；其次，应该结合橱柜的高度以及台面的宽度进行选择，水槽的高度一般不可以低于20厘米，避免清洗时向外溅水，而水槽的宽度一般是台面的宽度减去10~15厘米；最后，对于水槽的质

量也要重点注意，除了要求平整光滑之外，如果存在焊接的地方，就要首选无锈斑且焊缝均匀平整的水槽。

选定合适的水槽后，并不意味着就万事大吉了，如果安装方式没有选对，还是会面临很大的麻烦。而水槽的安装方式主要是依据水槽边沿与台面的距离进行划分，包括水槽边沿高出台面的台上安装、水槽边沿与台面持平的台中安装以及水槽边沿低于台面的台下安装。

表7-2　水槽不同安装方式优劣对比

安装方式	优点	缺点
台上水槽	施工难度较低，安装拆卸都比较方便、简单，水槽和台面不易遭到破坏	容易藏污纳垢，且容易造成积水，需要进行经常性、及时性地清洁打理，才能保证干净卫生的环境
台中水槽	水槽和台面之间几乎没有缝隙，避免藏污纳垢也比较美观，易于清洁打理	施工难度较大，具有对台面严重破坏的风险，比如造成台面破裂等
台下水槽	可以有效解决积水问题，易于清洁打理，实用性较大	稳定性较差，长时间使用有可能发生脱落风险

虽然水槽的每一种安装方式都有自身的优点与缺点，但是结合人们的生活习惯以及施工难度等综合考量，台下安装方式不仅美观，而且也比较实用。

图7-2　水槽台下安装

需要注意的是，水槽正式安装之前需要先确定位置并装好进水管，通常可以选择靠窗且距离墙面40厘米左右的位置。台面开槽时，应保证数据的准确性，尤其要避免开槽过大，否则，便会增加密封难度，导致使用过程中出现渗水、漏水等情况。

同时，为了进一步保证水槽的实用性，在水槽预安装后要进行排水试验。水槽放满水后如果存在漏水情况，则需要与施工人员沟通解决；如果水槽未出现漏水现象，则可以对水槽进行封边固定。另外，在密封胶干燥过程中切忌使用、晃动，防止水槽出现松动情况。

2.卫浴间洗手盆的选择与安装

洗手盆是每个家庭都不可或缺的洁具，它的种类繁多，所以难免让人不知如何挑选。

表7-3　洗手盆种类及优缺点

种类	有点	缺点
陶瓷洗手盆	色彩造型丰富多样，不仅有常见的方形，也有圆形、菱形、单盆、双盆等，而且易于清洁打理	硬度较低，磕碰后容易开裂和破损
搪瓷洗手盆	化学性能稳定，耐温耐寒，防腐抗压，不易滋生细菌，容易清洁打理	导热快，保温性较差
铸铁洗手盆	锻造工艺制作，一体成型，耐磨耐用	导热快，保温性较差
亚克力洗手盆	色彩丰富造型多样，熔铸成型，提高了表面的整体光洁度	耐温耐压性都比较差，而且遭到碰撞后容易破损
玻璃洗手盆	线条柔和，纹理柔美，形状多样，选择性较大	耐温性较差，受冲击容易碎裂

综合而言，陶瓷洗手盆的实用性更高一点，而且建议选择台下安装的方式，即洗手盆的边沿低于浴室柜台面。

图7-3 洗手盆台下安装

与台上安装方式相比，台下安装不仅美观，而且不易积水和藏污纳垢，更便于保持干净卫生的环境。

在具体安装过程中，一般需要将热水管安装在左边，冷水管安装在右边，而且洗手盆的边缘会设计一个不小于8毫米的溢流孔。安装的时候，千万不要将溢流孔封堵，这样洗手盆水满时便可以通过这个小孔排出。

3.卫浴间马桶的选择与安装

马桶也是每个家庭卫浴间不可缺少的洁具。那么，如何选择合适的马桶呢？

表7-4 马桶种类及特点

划分标准	种类	特点
按照造型划分	分体马桶	水箱与底座分开，略显笨重，实用性较差
	一体马桶	水箱与底座合为一体，操作简单，冲力较大
按照排污方式划分	冲落式马桶	在底座内沿分布有冲水口，主要依靠水压排污，虽然效率高但是声音较大
	虹吸式马桶	虽然与冲落式马桶一样在底座内沿分布有冲水口，但是呈圈状排列，甚至在底座内部设有单独的冲水口，可形成旋涡式冲水，排污效率和质量较高，而且噪音小

其实，在选购马桶时，也可以结合之前使用马桶时经常遇到的问题进行选择，比如容易产生异味、声音较大、排污不净、浪费水源等。

也就是说，选择马桶时要尽量规避这些问题。比如，想要杜绝异味的产生，应该选择水封高度（马桶坑内水平面与坑底的垂直距离）不低于50毫米且不高于60毫米的马桶，过低压不住下水道的异味，过高往往会造成马桶内的水外溅；想要降低噪音，通常可以选择虹吸式的一体马桶；而想要提高排污性能，则需要选择材质吸水率低、高温烧制、釉面光滑细致的马桶。

图7-4　一体式马桶

当然，选择了优质的马桶，还需要安装到位，这样才能保证使用效果良好。例如，马桶坑位与墙面的标准距离一般是40厘米，过大或者过小都会为安装带来麻烦，要么放不下，要么浪费空间。

4.卫浴间浴缸的选择与安装

拥有一间带浴缸的卫浴间是很多人的梦想。工作一天回到家在浴缸中泡一下，是一件非常舒适惬意的事，满身的疲惫也会随之消失。不过，要想在浴缸中泡得舒服，我们必须选择一个合适的浴缸。

图7-5　浴缸

表7-5　浴缸种类及特点

划分标准	种类	特点
按照材质划分	木质浴缸	造型美观，但家用较少
	亚克力浴缸	保温性较好，而且防腐防锈，实用性很高
	陶瓷浴缸	虽然比价容易清洁打理，但保温性较差，价格较高
	搪瓷浴缸	耐磨耐用，而缺点是保温性差
按照功能划分	普通浴缸	只可以满足日常洗浴要求
	按摩浴缸	可以解除皮肤表层的神经紧张，达到舒缓肌肉的疗效

虽然浴缸的种类很多，但是优缺点比较明显，比较容易选择。如果经济条件允许，便可以选择亚克力材质的按摩浴缸，除了可以舒缓神经之外，也可以增进血液循环，促进人体机能代谢。具有空气按摩功能的浴缸，还可以让皮肤更加富有弹性。

浴缸的安装方式包括独立安装与嵌入安装。独立安装的施工难度较低，当确定好浴缸的位置后，只要铺设好上下水管道，并与浴缸连接密封好，保证没有漏水现象，然后连接电源便可以投入使用了。

5. 卫浴间花洒的选择与安装

淋浴也是人们较为常用的沐浴方式。说到淋浴，自然离不开花洒。

其实，花洒原本是浇花的一种器具，后来人们将其改装成了一种卫浴洁具，而且随着改装程度的深入以及功能的增加，各种各样的花洒开始出现在市场中。

表7-6　花洒的种类及特点

划分标准	种类	特点
按照材质划分	铜花洒	铜具有一定的杀菌作用，可以在一定程度上保证沐浴用水的干净卫生，而且铜结实耐用，防腐防锈，导热快，可以有效降低热损耗
	不锈钢花洒	不锈钢不含铅，对沐浴用水不会造成污染，同时材质本身的硬度较高，耐腐耐用
	ABS花洒	虽然质量较轻，但依然具有较好的抗冲击性，而且耐寒耐热，不易生锈
按照功能划分	普通花洒	只可以满足日常洗浴要求
	按摩花洒	通过控制水流和水量形成不同的冲击力度，使人体的各个部位感到舒适
	美容花洒	通过消除水中的重金属等有害物质和调整水的pH酸碱度，对人体皮肤和头发形成保护
	恒温花洒	将水温控制在人体感觉比较适宜的温度，减少手动调整水温的麻烦
按喷水方式划分	手持花洒	比较常见的一种花洒，使用起来比较自由，可以随意冲洗
	顶喷花洒	通常需要安装于高出人体高度的位置，出水呈垂直喷洒状
	侧喷花洒	属于侧面出水的一种方式，而且可以调节角度，让身体的不同部位同时进行冲洗

了解不同种类花洒的特点后不难发现，选择铜质的恒温手持花洒便可以满足日常洗浴需求。然而，在具体选购时，还需要注意一些细节，比如花洒喷头的每个喷

孔的出水量基本一致，如果有的出水多有的出水少，或者有的出水，有的不出水，则要慎重选购。

同时，也可以通过一个简单的测试来验证选购的花洒是否优质，即采用侧喷方式检验喷头最上面部分喷孔的出水量、出水速度，如果较小较慢或者根本不出水，便要放弃该花洒。

花洒的安装需要先进行测量并定位，然后打孔固定，最后连接上下水管道。具体的安装方式包括暗装与明装，但相对来说，明装的难度较低，实用性更高，即便后期有所损坏，检查维修也比较方便。

总之，无论是安装哪种洁具，都要避免破坏防水层，而且要将所有的管道固定好，并做好密封，防止漏水和渗水。

第二节　灯具的选择与安装

　　在家居装修过程中，为什么有些空间安装灯具后不但没有达到预期效果，反而还让人感觉不适宜呢？

　　家居装修的时候选择并安装什么样的灯具，很大程度上会影响家居环境的格调和氛围，合适的灯具会锦上添花，而不适宜的灯具则会降低和破坏家居格调。

图7-6　家居灯饰

　　然而，由于很多房主对灯具的了解有限，而设计师与施工人员通常只会按照传统习惯或者模板设计与安装，所以灯具作为家居装修的一个重要组成部分并没有得到足够的重视，也没有对家居环境的照明效果、装饰风格起到重要作用。甚至，不合适的灯具还影响了人们的身体健康，比如对人们的眼睛造成了伤害。

家居装修需要的不仅是好看的灯，更重要的是适宜的灯光。换句话说，想要选择并安装合适的灯具，就要对照明、装饰、安全层面进行综合考量。

1.从灯光角度选择

阳光通常被公认为最适宜的光，所以在选择灯光的时候应该以接近阳光的程度越高越好。同时，我们在《家居装修从入门到精通（设计篇）》中也曾重点讲述灯光的三要素，即照度、色温、显色指数。这不仅可以作为判断灯光是否合适的重要参数，也可以依此为不同的家居空间选择适宜的灯光。

表7-7　不同空间的照度、色温、显色指数

空间	照度（单位：Lux）	色温（单位：K）	显色指数
客厅	100～300	4 000～5 000	90以上
卧室	100～200	2 500～3 000	80以上
书房	250～500	4 000～6 500	90以上
餐厅	100～200	3 000～4 000	80以上
厨卫	100～200	厨房3 000～4 000	90以上
		卫生间3 000～6 000	
玄关	100～200	3 000～4 000	90以上
过道	100～200	2 500～3 000	90以上

其实，家居空间按照不同的功能可以划分为休息区（卧室、餐厅）、休闲区（客厅）、工作区（书房、厨房）、其他区域等。按照不同区域选择灯光的照度、色温、显色指数，一般休息区要选用低照度、低色温、低显色指数灯光，工作区则选用高照度、高色温、高显色指数灯光。

当然，人们对光的感受程度也有一定的差异，比如有的人喜欢低色温、高显色指数的光，有的人喜欢高色温、低显色指数的光，所以在最终选购时也可以通过现场实际感受进行选择。

2.从光源种类选择

光源是物理学中的一个名词，是指具有发光或者正在发光功能的物体，比如太

阳、开启的电灯、燃烧的蜡烛等。

太阳是毋庸置疑的天然光源，白天人们在生活与工作时大部分都依靠天然光源。开启的电灯、燃烧的蜡烛等便是与天然光源相对的人造光源。随着科学技术的不断发展，人造光源的种类越来越多，以家居装修中常见的人造光源来说，包括钨丝灯、荧光灯、卤素灯、节能灯、LED灯等。

然而，每一种光源都具有自身的特点以及不同的参数，如果选择不正确，也会带来负面作用。

表7-8 不同光源的参数值

光源	光谱连续性	能耗	色温	显色指数	寿命
钨丝灯	连续	较高	2 700 K左右	95以上	1 000小时左右
荧光灯	不连续	适中	6 500 K左右	85左右	3 000小时左右
卤素灯	连续	适中	2 700 K左右	90以上	400小时左右
节能灯	时断时续	较低	2 700～6 500 K	80以下	6 000小时左右
LED灯	不连续	较低	2 700～6 500 K	80以上	50 000小时左右

其中，光谱（spectrum）是复色光经过色散系统（如棱镜、光栅）分光后，被色散开的单色光按波长（或频率）大小而依次排列的图案，全称为光学频谱。光谱中最大的一部分可见光谱是电磁波谱中人眼可见的一部分，在这个波长范围内的电磁辐射被称作可见光。

如果说得简单一点，光谱就是颜色的原始状态，是由有色光组成。当光源照射到物体上时，人眼看到的光源反射的光谱便会在大脑中成像。而光谱越是连续，人眼看到的物体越接近实际色彩，也越不伤害眼睛。

3.从灯具种类选择

如果将不同的灯源打造成不同的形状，并且将灯具的安装方式进行升级，不再采用那种简单地在灯口上安装一个灯泡的传统方式，那么灯具就可以分为很多种，比如圆形灯、方形灯、吊灯、吸顶灯等。

（1）吊灯

吊灯是指以垂吊的方式进行安装的灯具，多固定于天花上向下吊装。如果将吊灯按照灯头数量的多寡来区分，也可以分为单头吊灯和多头吊灯。单头吊灯多用于卧室、餐厅以及面积较小的客厅，面积较大的客厅、卧室和餐厅还是应该选择多头吊灯，这可以起到一定的装饰效果。

图7-7 客厅多头吊灯

图7-8 卧室单头吊灯

图7-9 卧室多头吊灯

图7-10 餐厅多头吊灯

当然，如果按照不同的风格、形状、材质来进行划分，可以分为中式风格吊灯、欧式风格吊灯、圆球形吊灯、扁圆形吊灯、方形吊灯、菱形吊灯、玻璃吊灯、金属吊灯等。所以，吊灯的选购应尽量使其形状和风格与家居整体装修风格相协调，而在材质方面可依据自己的喜好来挑选。不过，金属材质的吊灯相对来说更加经久耐用。

除此之外，如果选用多头吊灯，也要考虑空间面积与吊灯面积的比例。要知道，多头吊灯的灯头越多意味着吊灯的体型就越大，而如果在较小的空间安装灯头较多的吊灯，在视觉上就会非常不协调，甚至会感到压迫。

　　另外，要避免选用灯罩朝上的吊灯。灯罩朝上虽然具有隐藏光源的作用，但是更容易沾染灰尘、遮挡光线，而且非常不方便清理。

图7-11　灯罩朝下的多头吊灯

　　如果空间的高度不足，即安装吊灯后吊灯的最低点距离地面距离小于2.2米，那么就应该放弃安装吊灯的计划。

　　（2）吸顶灯

　　吸顶灯是指采用吸附方式安装的灯具，可以让灯具与天花融合为一体，视觉上简洁大方。不过，如果设计不好，也会造成一种单调的氛围。

　　吸顶灯的安装没有空间限制，所有的空间都可以安装，它是一款同时具有实用性、适用性的灯具。不过，厨卫空间应该选择具有防潮、防水、抗污性能的吸顶灯，而卧室、客厅的空间则应该依据照度、色温等灯光参数进行选择。

图7-12　餐厅吸顶灯

图7-13　卧室吸顶灯（1）

　　从吸顶灯的尺寸、材质和形状考虑，卧室一般选用圆形的、直径为40厘米的吸顶灯，而客厅一般选用方形的、长和宽不低于80厘米和40厘米的吸顶灯，也可以选用亚克力材质，营造舒适温馨的居住氛围。

图7-14 卧室吸顶灯（2）

（3）筒灯与射灯

筒灯和射灯常常会让人混淆，其实最简单的分辨方法就是看其照射的光线。如果是漫射光线则是筒灯，如果是聚射光线则是射灯。

无论是筒灯还是射灯，其主要作用都是为了烘托家居氛围。同时，筒灯与射灯的光线都比较柔和，而且占用的空间也较小，所以一般安装于天花的四周，或者过道和衣帽间等。

图7-15 天花上的筒灯

图7-16　衣帽间射灯

筒灯的首选通常是比较厚的铝材或者不锈钢材质，所以选购时要注意是否带有3C认证标准；而射灯一般是以低压且竖式的结构为首选，不仅光效好，而且使用寿命更长。

（4）灯带

灯带一般是指将LED光源组装在柔性或硬性的线路板上，从外观上看犹如一条带子的灯具，可以产生很好的装饰效果。灯带可以营造很好的通透感以及层次感，也常被叫作氛围灯，主要应用区域有柜子隔板的上下方、过道天花等。

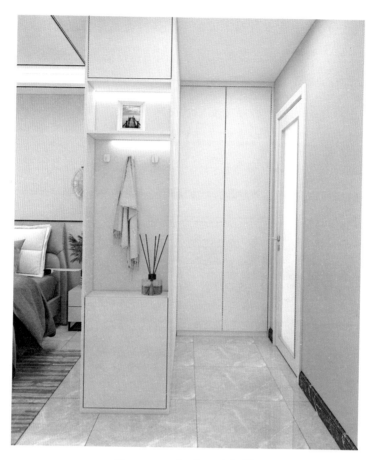

图7-17　柜子里的灯带

图7-18　过道天花上的灯带

选购灯带时，除了要注意针对不同的空间选择合适的照度、色温等，还要检查灯带表面是否光滑，避免沾染过多灰尘而为后期清洁打理带来麻烦。

（5）落地灯与台灯

落地灯与台灯是指一种由底座、支架、灯罩、灯泡构成的用于局部照明的灯具，都具有方便移动、点缀装饰、营造气氛等作用。

然而，相对来说落地灯没有台灯的使用场景广泛。落地灯多用于客厅，尤其是沙发旁边；而台灯可以用于多个空间，比如卧室、客厅、书桌等。

图7-19　客厅人物造型落地灯

图7-20　客厅简约落地灯

图7-21　卧室床头台灯

图7-22　客厅台灯

图 7-23 书桌台灯

无论是落地灯还是台灯都有很多类型，所以可以依据家居装修的风格来进行选购。不过，落地灯应该尽量选择下照式，防止灯光直射眼睛造成不适感，而且不要选择过高的落地灯，避免失去实用性。台灯应尽量选购环保护眼的节能型台灯，因为台灯多用于看书、学习等，所以要规避容易出现频闪、蓝光的台灯。

4.从图纸规划选择

如果对于灯具的安装已经绘制了图纸，在选购时就要将图纸作为重要的参考依据。图纸上一般会标注使用什么样的灯具，而且也会对灯具的尺寸、类型、风格等做出标注。

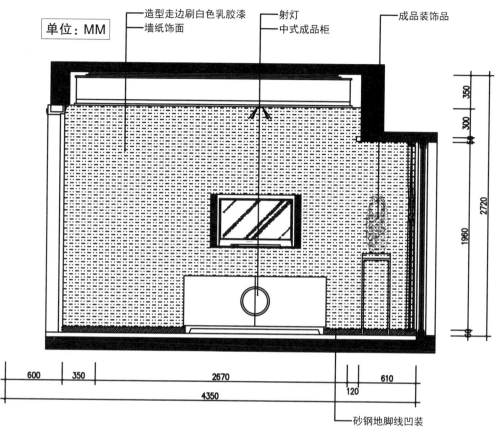

单位：MM

造型走边刷白色乳胶漆
墙纸饰面
射灯
中式成品柜
成品装饰品

350
300
2720
1960

600　350　2670　610
4350
120

砂钢地脚线凹装

图7-24　主卧立面图中标注的灯具

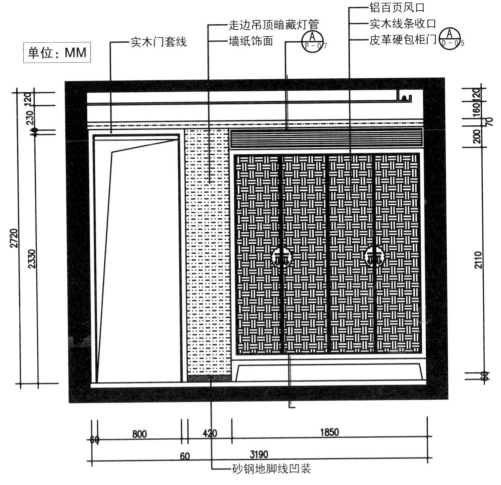

单位：MM

实木门套线

走边吊顶暗藏灯管
墙纸饰面

铝百页风口
实木线条收口
皮革硬包柜门

图7-25　次卧立面图中标注的灯具

砂钢地脚线凹装

　　在安装灯具时，一般需要对同一个灯具安装分控开关，避免只安装一个开关而在需要控制灯具时出现来回操作的现象。

第三节　电器的选择与安装

无论是新房装修还是老房翻修，当装修施工进入尾声的时候，就应该购置家用电器了。

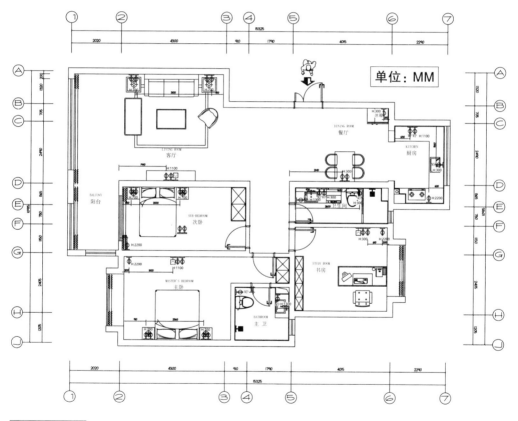

图7-26　机电布置图

图例	说明
	墙面五孔插座
	地面五孔插座
	墙面防水五孔插座
	墙面网络插座
	墙面电话插座
	墙面空调控制面板
	墙面预留电源接线盒

家用电器种类繁多，包括电视机、音响、音箱等声响电器，冰箱、空调等制冷电器，电磁炉、微波炉等厨房电器，洗衣机、吸尘器等清洁电器等。日常生活必需的家用电器，通常是电视机、空调、冰箱、洗衣机。

这几种电器可以满足人们生活的基本需求，其他的电器则可以根据家庭情况、生活需求、经济条件等有选择性地进行购买。

不过，由于家用电器款式类型众多，导致人们在选购时不得不花费很多时间和精力。其实，不管选购哪种家用电器，都应该重点考量其核心参数，比如品质、能效、功能等，并结合自己的实际情况进行选择，比如空间面积、家庭人员数量、家居装修风格等。

1.电视机的选择与安装

图 7-27　客厅电视机

（1）选类型

电视机作为人们日常生活中调节压力、休闲娱乐的一种重要工具，经历了从黑白电视机到彩色电视机，再到智能电视机的发展阶段。随着科学技术的不断发展，电视机的种类越来越多，也让人们的生活越来越丰富多彩。

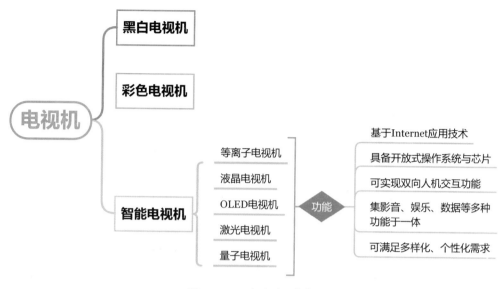

图7-28　电视机种类

以市面上主流的电视机类型来说，建议选购液晶电视机或者等离子电视机，两者都具有机身轻薄、耐用性强等特点。

（2）选大小

电视机并不是越大越好，尤其在空间面积有限的情况下，电视机尺寸过大或者过小，都会带来视觉上的不适感。

所以，电视机的大小应该以观看的距离为选购标准。在观看距离允许的范围内，大尺寸电视机能带来更好的视听效果，而且也会降低对眼睛的伤害。

表7-9　一定观看距离的电视机最大尺寸

观看距离	最大尺寸
2.5米左右	43英寸
3米左右	50英寸
3.5米左右	60英寸
4米左右	70英寸

（3）选屏幕

电视机屏幕的选择，主要基于平面屏与曲面屏之间。在选用相同面板（以OLED面板为例）的情况下，两者最大的不同就在于可视角度的差别。曲面屏的可视角度更大、视野更广，可以带来更好的观感，能够有效减缓视觉疲劳。

然而，曲面屏电视机比平面屏电视机所占空间更大，所以在空间不允许的情况下也可以选择后者。

图7-29 平面屏电视机

（4）选画质

电视机画质就是人们常说的电视机清晰度，通常由电视机的分辨率来决定。一般来说，电视机的分辨率越高所呈现的画面越清晰，人们的观感越强烈，对眼睛的伤害越小。

分辨率通常用"水平像素数×垂直像素数"的形式表示，计算结果就是人们常说的像素，如800×600则表示分辨率达到了480 000像素，即48万像素。

表7-10 常见电视机分辨率与清晰度

分辨率	清晰度
720×480	数字标清
1 920×1 080	数字高清
1 280×720	数字高清
3 840×2 160	4K高清
7 860×4 320	8K超高清

电视机选定之后，人们往往会将其镶嵌在电视背景墙中。需要注意的是，电视

机安装的高度应保证人坐在沙发上之后，眼睛与电视机的中心保持在同一水平线。

总之，选择了合适的电视机，并将其安装于合适的高度，才能拥有更好的使用体验。

2.冰箱的选择与安装

图7-30　家用冰箱

家用冰箱的主要作用是储藏与保鲜，所以在选购的时候应将重点放在其制冷方式、容积大小、功能结构等方面。即便是不同款式的冰箱，比如单开门冰箱、双开门冰箱、三开门冰箱、对开门冰箱等，也都是针对容积、分区等做出的调整。

表7-11　不同款式冰箱的特点

款式	特点
单开门冰箱	容积小，占地面积也较小，可随意移动，但是缺少冷冻、冷藏分区
双开门冰箱	通常分为两个功能区，上面冷藏、下面冷冻，可以将蔬菜和肉类分开存放
三开门冰箱	功能区更加丰富，不仅可以储藏瓜果蔬菜和肉类，也可以冷冻啤酒饮料等
对开门冰箱	容积较大，可针对性满足更多生活需求，但价格较高

（1）选制冷方式

冰箱的制冷方式在科技的推动下也经历了不断升级换代的发展历程，从直冷到风冷，从机械控温到电脑控温，最终形成了市面上主流的直冷、风冷、混冷三种制冷方式。

表7-12　不同制冷方式优缺点

制冷方式	优点	缺点
直冷	制冷效率高	容易结冰结霜，温差较大
风冷	温差较小，不易结冰结霜	保鲜性能较差
混冷	分区制冷，保鲜效果更好	故障率较高，能耗较大

其实，混冷是融合了直冷与风冷的优点，并有效解决了直冷与风冷存在的问题。虽然混冷也存在一些缺点，但是整体来说不会风干食物，也不会结冰结霜，从很大程度上提高了使用体验。

（2）选容积

冰箱容积的大小应以家庭成员的多少为选择标准，并不是越大越好，而要与家庭成员的多少成正比。一般来说，如果一个人居住，可以选择100升左右的双开门冰箱；如果两个人居住，可以选择200升左右的双开门冰箱；如果是普通的三口之家，可以选择300升左右的双开门冰箱或者三开门冰箱；如果家庭成员超过四人，可以选择容积更大的对开门冰箱。

图7-31　家用对开门冰箱

（3）选零部件

冰箱所使用的零部件的质量会影响冰箱的使用寿命，所以应该尽量选择采用纯铜管或者进口涂覆钢板等优质零部件制造的冰箱，这可以有效提高冰箱制冷系统的耐用性和耐腐性等。

（4）选能耗

一般来说，变频冰箱比定频冰箱的能耗要低，而且不会造成冰箱内部出现较大的温度波动。冰箱内部的温度保持在恒定范围内，减少了因为温度过高或者过低而启动制冷系统的频率，更降低了对食物新鲜程度的影响。

在安装冰箱的过程中，切忌将冰箱倒置或水平放置，避免制冷剂回流降低冰箱的制冷效果。如果选择的是容积较大的冰箱，最好单独布线，以确保满足冰箱的额定功率使其能够正常工作。同时，也要注意冰箱与四周空间的距离，不要将冰箱安装在非常密闭的空间，避免冰箱无法及时散热而出现短路等情况。

3.洗衣机的选择与安装

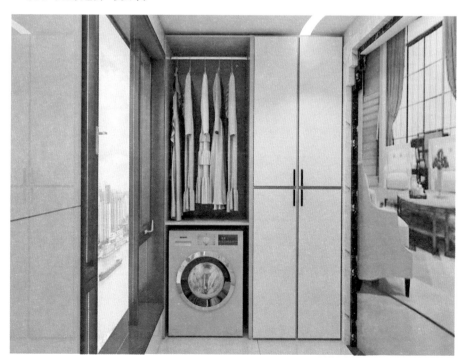

图7-32　家用滚筒洗衣机

对于洗衣机的选择一直存在着一种争议，有的人认为波轮洗衣机好，通过衣物与洗衣桶之间产生摩擦可以达到更好的洁净效果；而有的人认为滚筒洗衣机好，它能降低对衣物的磨损，还带有烘干效果，所以更值得选择。

表7-13　不同类型洗衣机的优缺点

类型	优点	缺点
滚筒洗衣机	磨损率较小，不会将衣物缠绕在一起，而且功能丰富，甚至可以直接将衣物烘干	价格较贵，后期维护成本大，而且体重较大，挪动不方便
波轮洗衣机	洁净率较高，而且清洗速度也比较快，能耗低，经济实用	会对衣物造成一定的伤害，且功能简单，仅限于清洗

其实，滚筒洗衣机与波轮洗衣机各有长短，而且经过对比不难发现，只有结合实际的使用场景才能做出合适的选择。例如，经常需要清洗的衣物属于丝质或者羊毛材质，而且衣物一般不会沾染油渍污垢等，甚至比较看重美观性，那么就可以选择滚筒洗衣机；如果日常清洗的衣物大多是棉麻材质，而且经常会被弄得很脏，则可以选择波轮洗衣机。

同时，如果从使用者的年龄段来选择，滚筒洗衣机比较适合中青年人群使用，而波轮洗衣机更适合老年人群，操作简单，使用起来更加得心应手。

当然，选择洗衣机的时候，也要关注容量、电机、转速等问题。如果是一般的三口之家，选择容量为8公斤左右的洗衣机基本就可以满足日常生活需求，过大或者过小都难免会造成资源浪费。

洗衣机的电机其实犹如冰箱的压缩机，是洗衣机的核心构成部分，决定了洗衣机的使用寿命。市面上经常可以见到的洗衣机电机有BLDC电机、DD电机、S-DD电机三种。相比来说，S-DD电机虽然价格高，但是噪音小、稳定性高，转速可以达到1 200转以上，可以实现更好的脱水效果。

洗衣机如果安装不稳定，在工作的时候往往会出现振动或者共振，甚至会带来危险。所以，洗衣机需要安装在平整的地面上，即使因为各种原因需要垫高，离地距离也应该控制在15厘米以下。

4.空调的选择与安装

空调也是大家非常熟悉的家用电器，它让人们不再惧怕炎热与寒冷，提高了人们的生活品质。

然而，人们在选购空调的时候，往往不知道如何选择机型，不知道如何选择空调的种类，不知道如何选择才能达到更好的使用效果。

（1）选类型

家用空调的类型大体可以分为移动空调、挂机、柜机和中央空调，而且中央空调又可以分为风管机、天花机、多联机。只有充分了解各种空调的优缺点，才能做出正确且合适的选择。

图7-33　家用挂机

图 7-34　家用柜机

图 7-35　家用中央空调出风口

表7-14　不同类型空调的优缺点

类型	优点	缺点
移动空调	移动方便，安装简单	功能少，噪音大，制冷效果差
挂机	功能多，温度控制效果好	安装麻烦，容易出现漏水现象
柜机	利于空气循环，具有一定装饰作用	占地面积大，不宜直吹
中央空调	可应用于大空间，且不占地面面积，体感较舒适	管路复杂，安装难度较大，且价格较高

由此可见，每一种空调都有可取之处。不过，从使用体验来说，中央空调更加合适。经济条件不允许的话，也可以选择其他类型的空调，比如卧室通常选用挂机，而客厅则可以选用柜机。

（2）选大小

不同的空间面积需要选用合适的空调才能充分发挥其作用，否则，要么是小牛拉大车，要么会造成资源浪费。

空调的大小通常用匹数来表示，1匹大致为2 000大卡的制冷量。如果再以国际单位换算，那么1匹空调的制冷量大致为2 000×1.162＝2 324 W。1平方米空间面积大概需要150~220 W的制冷量，所以，用空间面积乘以单位面积需要的制冷量再除以2 324 W，就可以计算出不同空间需要多大的空调。

表7-15　不同空间适用的空调匹数

空间面积	空调匹数
10~15平方米	1匹
15~25平方米	1.5匹
25~35平方米	2匹
35~45平方米	3匹
45平方米以上	选用大匹数柜机或者中央空调

（3）选能耗

虽然变频空调比定频空调的价格要贵一些，但是变频空调的压缩机可以随着温度的高低启停，不但能耗低，温差较小，而且噪音也很小，可以营造更加安静的家居环境。

（4）选功能

智能化的空调相对来说更适合家用，除了可以制冷、制热之外，也具有除甲醛、除湿、除PM2.5和自清洁等功能，可以让家里的空气更加清新，为家人的健康保驾护航。

虽然现在各品牌空调都会安排专业的安装人员，但是诚如人们经常说的"三分质量、七分安装"，一旦安装质量不达标，除了会影响使用效果，也会带来安全隐患。

所以，空调的安装要对管理的连接、线路的布局等格外注意，不仅要将各种管路连接牢固，避免氟利昂泄漏，也要防止电线线路过紧或者过松，保证用电安全。

5.电热水器的选择与安装

越来越多的人开始选择在家中安装电热水器，太阳能热水器似乎已经完全被取代。这是因为电热水器具有使用方便，不受环境影响等优势，即便是在寒冷的冬天，一样可以舒舒服服地洗热水澡。

当然，想要提高电热水器的使用体验，必须选购合适的产品。

（1）选类型

电热水器的类型一般可以分为储水式与即热式。储水式电热水器通常会配备一个储水箱，从而保证了出水的稳定性，相比即热式减少了等待时间。而即热式电热水器虽然比较节省空间，但是功率较大，使用时具有一定的危险性。所以，储水式电热水箱更适合家用。

（2）选容积

储水式电热水器的储水箱也有大小之分，如果一个人使用可以选择容积为20升左右的储水箱。也可以按照一个人洗浴大致需要20升水的标准，与家庭人数相乘，计算自己家应该选择多大容积的储水箱。

（3）选功率

有些人误以为电热水器的功率越大能耗就越大，其实对于相同容积的电热水器来说，如果将水加热到相同的温度，功率越大加热时间越短，功率越小加热时间越长，能耗基本是一样的。不过，功率越小等待的时间越长，所以选择大功率电热水器反而可以节省时间成本。

（4）选内胆

电热水器的内胆其实与暖壶的内胆具有相同的作用，即保温、承压。但是由于内胆的材质不同，所以也有好坏之分，而选购时应以同时具备良好的保温性、耐腐性、耐污性、密封性为标准。

表7-16　不同材质内胆的特点

内胆材质	特点
钛金内胆	因含有一定的金属，性能比较稳定，所以强度较高，且耐高温、耐腐蚀
晶硅内胆	经高温烘烤制作而成，强度高且不易生锈
不锈钢内胆	虽然强度高，但是耐腐性较差，容易生锈损坏
搪瓷内胆	耐腐耐压，不易结垢生锈，可长期使用

（5）选功能

电热水器一般都具有定时烧水，实时显示水温、节能控制等功能。不过，仅有这些还不够，为了保证使用安全性，必须选购带有防干烧、防超温、防超压装置，且具有出水断电、防漏电保护功能的电热水器。

（6）选加热棒

普通的电热水器大多是采用一根加热棒，不仅加热效率低，等待时间长，而且会加大加热棒的负载，从而减少整个电热水器的使用寿命。所以，应该尽量选购采用一根以上的加热棒进行设计的电热水器。

电热水器的安装同样也有专业人员，但是需要自己来定安装的高度，过高会为操作带来麻烦，过低又会使机体淋水带来安全隐患。

总之，我们应该选购带有"3C"认证标志的，而且售后服务有保障的家用电器。

第四节　定制家具的选择与安装

定制家具是根据客户要求和喜好，对家庭量身打造整体衣柜、整体书柜、整体橱柜等，这类定制产品每件都独一无二，非常富有个性。

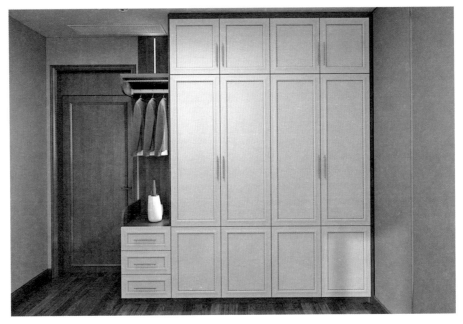

图7-36　定制家具

同时，定制家具有很多优势，比如人们可以根据自己喜欢的颜色自由搭配，根据自己的经济条件控制成本，根据自己喜欢的风格定制样式，根据生活需要打造不同的功能等。

然而，想要实现或者放大定制家具的优势，首先需要根据实际的空间布局、面积尺寸以及装修风格做好规划，甚至可以通过检查尺寸图等保证空间的合理运用。

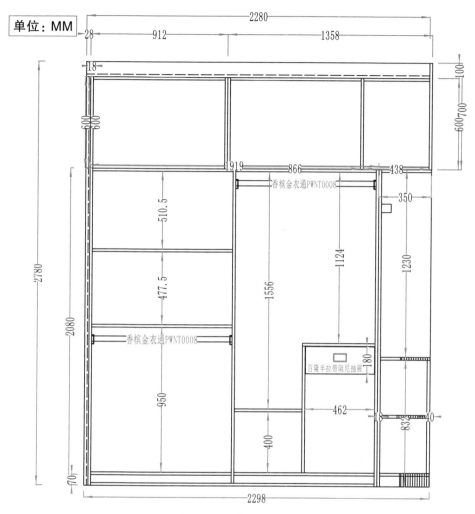

图 7-37 定制衣柜立面图

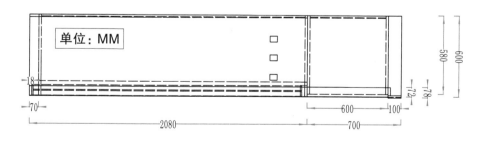

图 7-38 定制衣柜侧视图

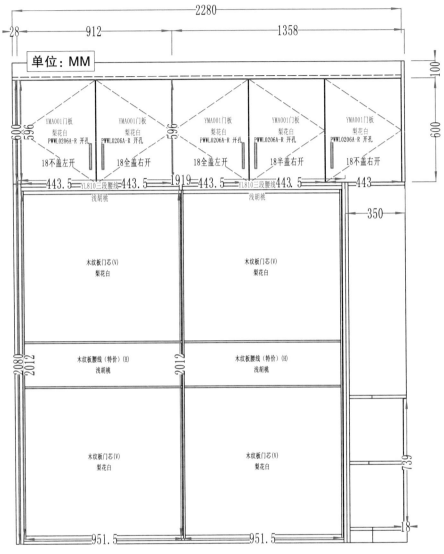

图 7-39　定制衣柜门板图

除此之外，选购定制家具也要对以下几方面进行综合考虑。

1.环保

环保一直是人们追求的标准，那么怎么样才算环保呢？对于定制家具来说，主要是看其板材的环保性，一般以VOC（挥发性有机化合物）释放量的多少来判断是否环保达标。

如果VOC释放量低于1.5mg/L，说明这样的定制家具的环保性一般。只有VOC

释放量低于0.5mg/L，才意味着具有较好的环保性。

2.板材

定制家具常用的板材有生态板、油漆板、木蜡油板，每种板材又各有优缺点，所以需要根据实际需求选择板材。

表7-17　不同板材的优缺点

板材	优点	缺点
生态板	具有耐高温、耐酸碱、耐潮湿、防火等特性，表面不易起皮，且容易加工成风格各异、质感强烈的贴面	不易做凹凸造型，长时间照晒容易变色
油漆板	颜色鲜艳，且选择多样，容易清洁打理	磕碰后容易破损，且难以修复，受油烟污染容易出现色差
木蜡油板	具有天然质感，且防水防潮，施工也比较简单	有异味，且木材本身的疤痕难以美化遮掩

3.风格

家居装修的风格在很大程度上是通过定制家具体现出来的。因此，如果整体装修风格选择的是中式，那么就要定制中式家具，欧式家具搭配中式装修会造成明显的突兀感。

同时，定制家具不要一味追求个性，要兼顾实用性、合理性，最好按照设计原理进行定制。

图7-40　中式风格定制家具

图7-41　轻奢风格定制家具

图7-42　现代风格定制家具

图 7-43 极简风格定制家具

品牌商一般会安排专业施工人员上门安装定制家具，房主要监督施工人员按照标准的安装流程进行施工，并做好验收工作。

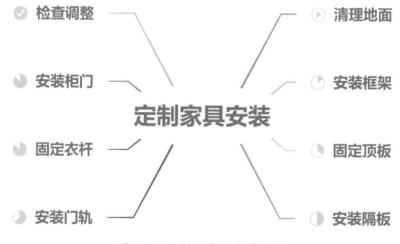

图 7-44 定制家具安装流程

当施工人员安装完成后，房主需要针对定制家具表面漆膜的平滑度、饰面板的色泽度、封边处理的严密性、整体结构的合理性、框架隔板的牢固性、柜门开关的流畅性等进行一一检验，如果发现问题应及时与施工人员沟通解决。

第五节　室内门的选择与安装

可以说，室内门对于整体的家居装修的颜值具有50％的影响作用，选得好会有画龙点睛的作用，选得不好有可能让之前的努力付诸东流。

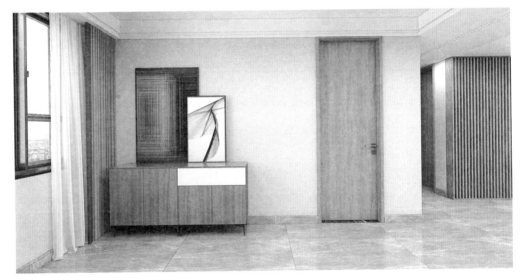

图7-45　家居室内门

1.选类型

（1）平开门

在实际生活中，人们最常见的室内门的款式类型当属平开门。虽然平开门的样式比较简单，但属于一种可以搭配多种装修风格的门型。采用简洁的线条对其进行优化，往往可以达到意想不到的效果。

图7-46 加入简洁线条的平开门

（2）隐形门

隐形门并不是看不见、摸不着的门，只是因为其采用无门套的设计方式，并且与墙面的颜色基本保持一致，乍一看与墙面浑然一体而得名。

隐形门对适用空间具有一定的要求，如果是较小的空间通常不适合安装隐形门，所以也可以将其看作是大户型、大空间的专属。

图7-47 室内隐形门

（3）推拉门

推拉门是根据其开关方式进行的定义，具有开启角度大、使用简单方便等优点，但是需要安装门轨，所以会增加施工难度，而且容易损坏。

图7-48　室内推拉门

（4）谷仓门

谷仓门是室内门的一种新门型，类似于农场的吊轨移门。它具有节省空间、适用场景丰富、美观等优点，但是密封性差，无法保证隔音效果。

图7-49　室内谷仓门①

----

① 图片来源于：http://x0.ifengimg.com/ucms/2020_34/E0413399D0695D00767E580AF198FFF803F1C018_w1267_h929.jpg

2.选材质

在人们的传统印象中，用于制作室内门的材质似乎只有木材。其实，很多人们想象不到的材质都可以用于制作室内门，比如PVC、塑钢、塑料等，而且都各具特色。

表7－18　不同材质的特点

材质	特点
原木门	通常由多块天然木材拼接而成，具有自然的纹理色泽，环保健康，隔音效果也不错
实木门	一般是由实木作为板材的芯材，也就是经常所说的免漆门、生态门，无挥发性物质，但造型比较简单
PVC门	虽然具有耐磨阻燃等特性，但是容易老化
塑钢门	强度较高，耐磨耐用，而且具有良好的保温隔音性，但是防火性能较差
玻璃门	通透性比较好，美观且具有一定的装饰作用，但是容易破损

3.选色彩

室内门的颜色一般应与家具的颜色相近，看起来会比较协调；与墙面颜色则应该尽量形成一定的对比，为家居环境营造层次感；与地面颜色应尽量形成反差，提高家居的空间感。

在具体的色彩选择上，白色是一种可以与多种色彩搭配的颜色，也是室内门比较常见的颜色。

图7-50 白色室内门

4.选空间

由于不同的空间具有不同的功能，所以结合空间有针对性地选择对应的室内门，往往可以进一步提高房间的实用性。

表7-19 不同空间的室内门选择

空间	空间功能	对应室内门
卧室	睡觉休息，注重私密性与温馨感	原木门或者实木门
书房	多用于工作与学习，注重静谧性	原木门或者实木门
厨房	主要用于烹饪，油烟较多，注重洁净性	玻璃门
卫生间	承担日常洗浴、洗漱，注重防水与私密性	塑钢门

室内门的安装相对来说是比较烦琐的，不仅需要专业人员施工，而且在安装过程中要尽量做到不去磕碰室内门的表面，尤其是表面的漆膜要保护好。同时，要注意合页安装的牢固程度，避免过于松动造成室内门脱落。